"十二五"职业教育国家规划教材

经全国职业教育教材审定委员会审定

PLC综合应用技术

（FX₂N、FX₃U系列）

新世纪高职高专教材编审委员会 / 组　编

第三版

童克波 / 主　编

李　泉　彭贞祥 / 副主编

U0245141

大连理工大学出版社

图书在版编目(CIP)数据

PLC 综合应用技术 / 童克波主编. — 3 版. — 大连：大连理工大学出版社，2018.6(2021.8 重印)

新世纪高职高专电气自动化技术类课程规划教材

ISBN 978-7-5685-1526-9

Ⅰ.①P… Ⅱ.①童… Ⅲ.①PLC 技术－高等职业教育－教材 Ⅳ.①TM571.6

中国版本图书馆 CIP 数据核字(2018)第 131029 号

大连理工大学出版社出版

地址：大连市软件园路 80 号　邮政编码：116023
发行：0411-84708842　邮购：0411-84708943　传真：0411-84701466
E-mail：dutp@dutp.cn　　URL：http://dutp.dlut.edu.cn

大连市东晟印刷有限公司印刷　　　大连理工大学出版社发行

幅面尺寸：185mm×260mm　　　印张：13　　　字数：315 千字
2010 年 7 月第 1 版　　　　　　　　　　　2018 年 6 月第 3 版
2021 年 8 月第 5 次印刷

责任编辑：唐　爽　　　　　　　　　　责任校对：陈星源
封面设计：张　莹

ISBN 978-7-5685-1526-9　　　　　　　　定　价：39.80 元

前　言

　　《PLC综合应用技术(第三版)》是"十二五"职业教育国家规划教材,也是新世纪高职高专教材编审委员会组编的电气自动化技术类课程规划教材之一。

　　本教材按照"项目引导、任务驱动"的思路进行编写,体现了行动导向的新理念。全书共分9个项目,每个项目设置了若干任务,各任务中设置了"任务引入""任务分析""相关知识""任务实施"等环节。部分任务中还增加了"知识拓展""巩固训练""能力测试"环节,以便引导学生总结和强化所学知识。

　　近几年,三菱公司推出了新产品FX_{3U}系列PLC。该系列PLC比FX_{2N}系列PLC功能更为强大,传输速度更快。为了紧跟科技发展现状及产品更新步伐,本教材新增了FX_{3U}系列PLC硬件构成的内容,供大家参考。

　　本教材在编写过程中力求突出以下特色:

　　1.本教材从实际应用的角度出发,以FX_{2N}系列机型为主,按照项目引导的思路进行编写。

　　2.同一题目使用不同的方式编程,可让读者从中感受到编程的多样性,并掌握更多编程技巧。

　　3.每个任务都精选自工程实例,并给出详细的任务实施步骤,有较强的针对性和实用性。

　　4.贯彻"理实一体化"的教学模式,切实做到"做中学,做中教"。

　　全书共分为9个项目,分别是:了解PLC;梯形图与指令的相互转换;PLC对电动机负载的控制;PLC对灯负载的控制;PLC对数码管负载的控制;PLC对灯、数码管、电动机的综合控制;PLC对模拟量的控制;PLC在顺序控制方面的应用;PLC在变频器中的应用。

本教材由兰州石化职业技术大学童克波任主编，兰州石化职业技术大学李泉、兰州石化公司彭贞祥任副主编。具体编写分工如下：童克波编写项目1～项目4、项目7；彭贞祥编写项目5、项目6；李泉编写项目8、项目9。全书由童克波负责统稿并定稿。安徽水利水电职业技术学院何强老师审阅了书稿，并提出了许多宝贵的意见和建议，在此深表谢意！

在编写本教材的过程中，我们参考、引用和改编了国内外出版物中的相关资料以及网络资源，在此对这些资料的作者表示诚挚的谢意！请相关著作权人看到本教材后与出版社联系，出版社将按照相关法律的规定支付稿酬。

尽管我们在教材特色的建设方面做出了许多努力，但由于编者水平有限和经验不足，教材中仍可能存在一些错误和不足，恳请各教学单位和读者在使用本教材的过程中多提宝贵意见和建议，以便下次修订时改进。

编　者

2018 年 6 月

所有意见和建议请发往：dutpgz@163.com

欢迎访问职教数字化服务平台：http://sve.dutpbook.com

联系电话：0411-84707424　84706676

目　录

PLC 综合应用技术

项目 1
了解PLC

任务 1　了解三菱 FX$_{2N}$ 系列 PLC 的硬件构成

学习任务

(1)了解 FX$_{2N}$ 系列 PLC 面板上各部分的功能。

(2)了解 FX$_{2N}$ 系列 PLC 的硬件构成。

(3)熟悉 FX$_{2N}$ 系列 PLC 的内部资源。

相关知识

1. 可编程序控制器(PLC)的定义

可编程序控制器早期的英文名称为 Programmable Logic Controller,简称为 PLC。后来其英文名称改为 Programmable Controller,简称为 PC,但为了与个人计算机(Personal Computer,简称为 PC)相区分,在行业中仍称可编程序控制器为 PLC。

可编程序控制器一直在发展中,所以至今尚未对其下最后的定义。国际电工委员会(IEC)曾先后于 1982 年 11 月、1985 年 1 月和 1987 年 2 月发布了可编程序控制器国际标准草案的第一、二、三稿。在第三稿中,对可编程序控制器做了如下定义:"可编程序控制器是一种数字运算操作电子系统,专为在工业环境下应用而设计。它采用了可编程序的存储器,用来在其内部存储执行逻辑运算、顺序控制、定时、计数和算术运算等操作的指令,并通过数字的、模拟的输入和输出,控制各种类型的机械或生产过程。可编程序控制器及其有关的外部设备,都应按易于与工业控制系统形成一个整体、易于扩充其功能的原则设计。"

2. 三菱系列 PLC 的外形

日本三菱公司生产的 PLC 有多种型号,从点数上区分有大型机、中型机和小型机。

FX_{2N} 系列 PLC 属于小型机,与 FX_{2N} 系列 PLC 类似的机型还有 FX_{1N} 系列、FX_{1S} 系列等。三菱中型机有 A 系列、Q 系列等。部分三菱系列 PLC 的外形如图 1-1 所示。

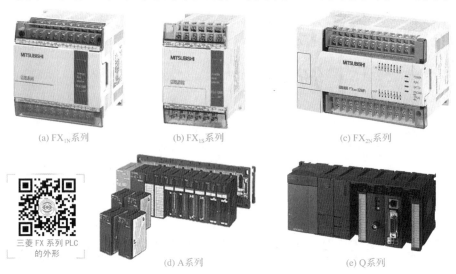

(a) FX_{1N} 系列   (b) FX_{1S} 系列   (c) FX_{2N} 系列

三菱 FX 系列 PLC 的外形

(d) A 系列   (e) Q 系列

图 1-1   部分三菱系列 PLC 的外形

3. FX_{2N}-64MR PLC 主机面板

FX_{2N}-64MR PLC 主机面板如图 1-2 所示。

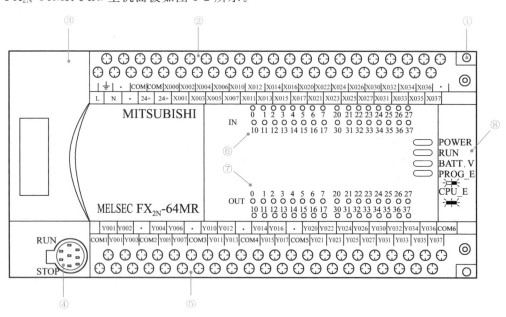

图 1-2 FX_{2N}-64MR PLC 主机面板

图 1-2 中主要部分的功能如下:

①安装孔,4 个($\phi 4.5$ mm)。

②供电电源、辅助电源、输入信号用的装卸式端子台(带盖板)。其中,"L""N"为 PLC

的供电电源端子,接 AC 220 V;"24+""COM"为 PLC 对外提供的DC 24 V 电源端子,可用于特殊功能模块的供电电源;"COM"为输入继电器的公共端子,相当于直流电源的负极;"●"为空端子,不能使用。输入继电器 X 有两排端子,与主机面板上的两排符号对应。

③面盖板。

④外部设备(如连接编程器)接线插座。

⑤输出信号用的装卸式端子台(带盖板)。其中,"COM1""COM2""COM3""COM4""COM5"为输出继电器 Y 的公共端子;"COM1"是 Y000～Y003 的公共端;"COM2"是 Y004～Y007 的公共端;"COM3"是 Y010～Y013 的公共端;"COM4"是 Y014～Y017 的公共端;"COM5"是 Y020～Y037 的公共端。"COM6"是扩展模块的公共端。"●"为空端子,不能使用。输出继电器 Y 有两排端子,与主机面板上的两排符号对应。

⑥输入动作指示灯(IN)。

⑦输出动作指示灯(OUT)。

⑧运行状态指示灯:"POWER"为电源指示灯;"RUN"为运行指示灯;"BATT. V"为锂电池电压减小指示灯;"PROG_E"为程序出错指示闪烁灯;"CPU_E"为 CPU 出错指示灯。

4. PLC 的硬件构成

(1)PLC 的基本组成

PLC 一般由中央处理器(CPU)、存储器(ROM/RAM)、输入/输出(I/O)单元、电源、扩展接口、编程器等部件组成,如图 1-3 所示。

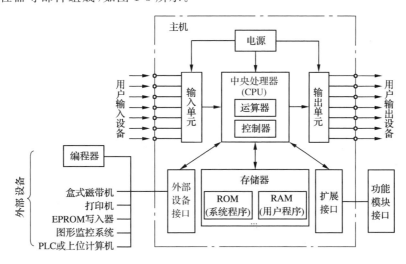

图 1-3　PLC 基本结构

(2)中央处理器(CPU)

CPU 是 PLC 的核心,它按系统程序赋予的功能,指挥 PLC 有条不紊地进行工作,其主要任务是:

①接收、存储用户程序和数据,并通过显示器显示出程序的内容和存储地址。

②检查、校验用户程序。对输入的用户程序进行检查,发现语法错误立即报警,并停止输出;在程序运行过程中若发现错误,则立即报警和停止程序的执行。

③接收、调用现场信息。将接收到现场的数据保存起来,在需要数据的时候将其调出并送到需要该数据的地方。

④执行用户程序。PLC 进入运行状态后,CPU 根据用户程序存放的先后顺序,逐条读取、解释并执行程序,完成用户程序中规定的各种操作,并将程序执行的结果送至输出端口,以驱动 PLC 的外部负载。

⑤故障诊断。诊断电源、PLC 内部电路的故障,根据故障或错误的类型,通过显示器显示出相应的信息,以提示用户及时排除故障或纠正错误。

不同型号 PLC 的 CPU 芯片是不同的,有的采用通用 CPU 芯片,如 8031、8051、8086、80826 等,也有的采用厂家自行设计的专用 CPU 芯片,如西门子公司的 S7-200 系列 PLC 均采用其自行研制的专用芯片。CPU 芯片的性能关系到 PLC 处理控制信号的能力与速度,CPU 位数越高,系统处理的信息量越大,运算速度也越快。

(3)存储器

PLC 的存储器可以分为系统程序存储器、用户程序存储器及工作数据存储器等。

①系统程序存储器

系统程序存储器用来存放由 PLC 生产厂家编写的系统程序,并固化在 ROM 内,用户不能直接更改。它使 PLC 具有基本的功能,能够完成 PLC 设计者规定的各项工作。系统程序质量的好坏,很大程度上决定了 PLC 的性能,其内容主要包括三部分:第一部分为系统管理程序,它主要控制 PLC 的运行,使整个 PLC 按部就班地工作;第二部分为用户指令解释程序,通过用户指令解释程序,将 PLC 的编程语言变为机器语言指令,再由 CPU 执行这些指令;第三部分为标准程序模块与系统调用程序,它包括许多不同功能的子程序及其调用管理程序,如完成输入/输出及特殊运算等的子程序,PLC 的具体工作都是由这部分程序来完成的,这部分程序的多少决定了 PLC 性能的强弱。

②用户程序存储器

根据控制要求而编制的应用程序称为用户程序。用户程序存储器用来存放用户针对具体控制任务,用规定的 PLC 编程语言编写的各种用户程序。用户程序存储器根据所选用的存储器单元类型的不同,可以是 RAM(用锂电池进行掉电保护)、EPROM 或 EEPROM,其内容可以由用户任意修改或增删。目前较先进的 PLC 采用可随时读/写的快闪存储器作为用户程序存储器,快闪存储器不需要后备电池,掉电时数据也不会丢失。

③工作数据存储器

工作数据存储器用来存储工作数据,即用户程序中使用的 ON/OFF 状态、数值数据等。

在工作数据区中开辟有元件映像寄存器和数据表。其中元件映像寄存器用来存储开关量、输出状态以及定时器、计数器、辅助继电器等内部器件的 ON/OFF 状态。数据表用来存放各种数据,包括用户程序执行时的某些可变参数值及 A/D 转换得到的数字量和数学运算的结果等。在 PLC 断电时能保持数据的存储器区称为数据保持区。

用户程序存储器和工作数据存储器容量的大小,关系到用户程序容量的大小和内部器件的多少,是反映 PLC 性能的重要指标之一。

（4）输入/输出（I/O）单元

I/O 接口是 PLC 与外界连接的接口。输入接口用来接收和采集两种类型的输入信号。一类是按钮、选择开关、行程开关、继电器触点、接近开关、光电开关、数字拨码开关等的开关量输入信号；另一类是由电位器、测速发电机和各种变送器等送来的模拟量输入信号。

I/O 单元的作用是将 I/O 设备与 PLC 进行连接，使 PLC 与现场设备构成控制系统，以便从现场通过输入设备（元件）得到信息（输入），或将经过处理后的控制命令通过输出设备（元件）送到现场（输出），从而实现自动控制的目的。

输入电路的连接如图 1-4 所示，即将 COM 通过输入元件（如按钮、选择开关、行程开关、继电器的触点、传感器等）连接到对应的输入点上，再通过输入点 X 将信息送到 PLC 内部。一旦某个输入元件状态发生变化，对应输入继电器 X 的状态也就随之变化，PLC 在输入采样阶段即可获取这些信息。

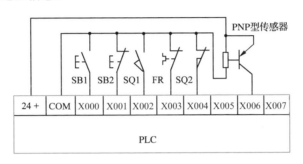

图 1-4　输入电路的连接

为适应控制的需要，PLC 输入继电器具有不同的类别，其输入分直流输入和交流输入两种形式，分别如图 1-5 和图 1-6 所示。

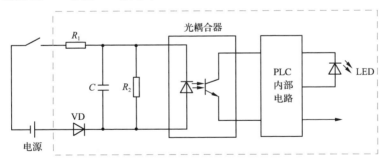

图 1-5　继电器直流输入电路

输出接口用来连接被控对象中各种执行元件，如接触器、电磁阀、指示灯、调节阀（模拟量）、调速装置（模拟量）等。

输出电路就是 PLC 的负载驱动电路，输出电路的连接如图 1-7 所示。通过输出点，将负载和负载电源连接成一个回路，这样负载就由 PLC 输出点的 ON/OFF 进行控制，输出点动作，负载得到驱动。负载电源的规格应根据负载的需要和输出点的技术规格进行选择。

输出电路分继电器输出、可控硅输出和晶体管输出三种形式。从 PLC 的型号就可以知道 PLC 输出所采用的形式。继电器输出（如图 1-8 所示）、可控硅输出适用于大电流输出场

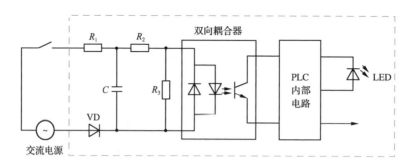

图 1-6 继电器交流输入电路

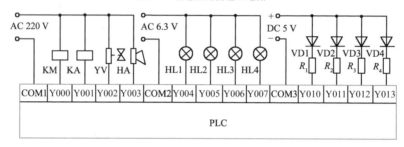

图 1-7 输出电路的连接

合;晶体管输出、可控硅输出适用于快速、频繁动作的场合。相同驱动能力,继电器输出形式价格较低。为了提高 PLC 抗干扰能力,其 I/O 接口电路均采用了隔离措施。

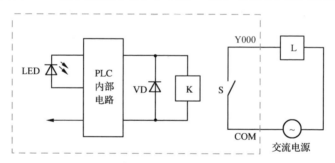

图 1-8 继电器输出电路

(5)电源

小型整体式 PLC 内部有一个开关式稳压电源。电源一方面可为 CPU 板、I/O 板及扩展单元提供工作电源(DC 5 V),另一方面可为外部输入元件提供 DC 24 V(200 mA)电源。

(6)扩展接口

扩展接口用于将扩展单元与基本单元相连,使 PLC 的配置更加灵活。

(7)编程器

编程器的作用是供用户进行程序的编制、编辑、调试和监视。

编程器有简易型和智能型两类。简易型编程器只能联机编程,且往往需要将梯形图转化为机器语言助记符(指令表)后,才能输入,它一般由简易键盘和发光二极管或其他显示器件组成。智能型编程器又称为图形编程器,它可以联机或脱机编程,具有 LCD 或 CRT 图形显示功能,可以直接输入梯形图和通过屏幕对话。也可以利用微机作为编程器,这时微机应配有相应的编程软件包,若要直接与 PLC 通信,还要配有相应的通信电缆。

5. FX$_{2N}$ 系列 PLC 的型号名称体系

(1)FX$_{2N}$ 系列 PLC 基本单元型号名称

FX$_{2N}$ 系列 PLC 基本单元的型号名称为 FX$_{2N}$-○○M□-□。其中:

①FX$_{2N}$ 为系列名称。

②○○为输入/输出点数和。

③M 表示基本单元。

④第一个□表示 PLC 的输出形式。其中,R 表示继电器输出(有接点,交流、直流负载两用);T 表示晶体管输出(无接点,直流负载用);S 表示可控硅输出(无接点,交流负载用)。

⑤第二个□表示 PLC 的使用地区,可省略。001 表示中国地区。

(2)FX$_{2N}$ 系列 PLC 的基本单元

FX$_{2N}$ 系列 PLC 的基本单元见表 1-1。

表 1-1   FX$_{2N}$ 系列 PLC 的基本单元

输入/输出总点数	输入点数	输出点数	AC 电源 DC 输入		
			继电器输出	可控硅输出	晶体管输出
16	8	8	FX$_{2N}$-16MR	—	FX$_{2N}$-16MT
32	16	16	FX$_{2N}$-32MR	FX$_{2N}$-32MS	FX$_{2N}$-32MT
48	24	24	FX$_{2N}$-48MR	FX$_{2N}$-48MS	FX$_{2N}$-48MT
64	32	32	FX$_{2N}$-64MR	FX$_{2N}$-64MS	FX$_{2N}$-64MT
80	40	40	FX$_{2N}$-80MR	FX$_{2N}$-80MS	FX$_{2N}$-80MT
128	64	64	FX$_{2N}$-128MR	—	FX$_{2N}$-128MT

(3)FX$_{2N}$ 系列 PLC 扩展单元型号名称

FX$_{2N}$ 系列 PLC 扩展单元的名称为 FX$_{2N}$-○○E□-□。其中:

①FX$_{2N}$ 为系列名称。

②○○为输入/输出点数和。

③E 表示扩展单元。

④第一个□表示 PLC 的输出形式。其中,R 表示继电器输出(有接点,交流、直流负载两用);T 表示晶体管输出(无接点,直流负载用);S 表示可控硅输出(无接点,交流负载用)。

⑤第二个□表示 PLC 的使用地区,可省略。001 表示中国地区。

(4)FX₂N系列 PLC 的扩展单元

FX₂N系列 PLC 的扩展单元见表 1-2。

表 1-2   FX₂N系列 PLC 的扩展单元

输入/输出总点数	输入点数	输出点数	型号名称(AC 电源 DC 输入)		
			继电器输出	可控硅输出	晶体管输出
32	16	16	FX₂N-32ER	—	FX₂N-32ET
48	24	24	FX₂N-48ER	—	FX₂N-48ET

(5)FX₂N系列 PLC 的扩展模块

FX₂N系列 PLC 的扩展模块见表 1-3。

表 1-3   FX₂N系列 PLC 的扩展模块

输入/输出总点数	输入点数	输出点数	继电器输出	继电器输入	可控硅输出	晶体管输出	输入信号电压	连接形式
16	16	0	—	FX₂N-16EX	—	—	DC 24 V	纵端子台
16	0	16	FX₂N-16EYR	—	FX₂N-16EYS	FX₂N-16EYT	—	纵端子台

(6)FX₂N系列 PLC 的特殊扩展设备

FX₂N系列 PLC 的特殊扩展设备见表 1-4。

表 1-4   FX₂N系列 PLC 的特殊扩展设备

类别	型号名称	内容	占有点数	耗电 DC 5 V/mA
功能扩展板	FX₂N-8AV-BD	容量适配器	—	20
	FX₂N-422-BD	RS-422 通信	—	60
	FX₂N-485-BD	RS-485 通信	—	60
	FX₂N-232-BD	RS-232C 通信	—	20
特殊模块	FX₂N-4AD	4CH 模拟输入	8	30
	FX₂N-4DA	4CH 模拟输出	8	30
	FX₂N-4AD-PT	4CH 温度传感器输入(PT-100)	8	30
	FX₂N-4AD-TC	4CH 温度传感器输入(热电偶)	8	30
	FX₂N-1HC	50 kHz 二相调整计数器	8	90
	FX₂N-1PG	100 kHz 脉冲输出	8	55
	FX₂N-232IF	RS-232 通信接口	8	40

6. FX₂N系列 PLC 的内部资源

FX₂N系列 PLC 的内部资源见表 1-5。

表 1-5　　　　　　　　　　　　　　　　FX₂ₙ 系列 PLC 的内部资源

项　目		内　容
运算控制方式		重复执行保存的程序方式，有中断功能
输入/输出控制方式		批处理方式（执行 END 指令时），有 I/O 刷新指令及脉冲捕捉功能
程序语言		继电器符号＋步进梯形图方式（可用 SFC 表示）
程序存储器	最大存储容量	16 000 步（含注释、文件寄存器），有密码保护功能
	内置存储器容量/形式	8 000 步/RAM（由内置锂电池支持）
	存储器盒（选件）	● RAM，16 000 步（也可支持 2 000 步/4 000 步/8 000 步） ● EPROM，16 000 步（也可支持 2 000 步/4 000 步/8 000 步） ● EEPROM，4 000 步/8 000 步/16 000 步（也可支持 2 000 步） 不可使用带实时时钟功能的存储器盒，内置
实时时钟	时钟功能	1980～2079 年（有闰年修正），公历 2 位/4 位可切换，月误差 ± 45 s（25 ℃）
指令种类	基本指令	基本指令 27 条，步进梯形图指令 2 条
	功能指令	128 种，309 条
运算处理速度	基本指令	0.08 μs/条
	功能指令	1.52～数百 μs/条
输入/输出点数	扩展并用时输入点数	X000～X267,184 点（八进制编号）
	扩展并用时输出点数	Y000～Y267,184 点（八进制编号）
	扩展并用时总点数	256 点
辅助继电器	一般用[①]	M0～M499,500 点
	保持[②]	M500～M1023,524 点
	保持用[③]	M1024～M3071,2 048 点
	特殊用	M8000～M8255,256 点
状态元件	初始化状态元件	S0～S9,10 点
	一般用[①]	S10～S499,490 点
	保持用[②]	S500～S899,400 点
	信号报警用[③]	S900～S999,100 点
定时器（ON 延迟）	100 ms	T0～T199,200 点（0.1～3 276.7 s）
	10 ms	T200～T245,46 点（0.01～327.67 s）
	1 ms 积算型[③]	T246～T249,4 点（0.001～32.767 s）
	100 ms 积算型[③]	T250～T255,6 点（0.1～3 276.7 s）
计数器	16 位增计数器[①]	C0～C99,100 点（1～32 767 次）
	16 位增计数器[②]	C100～C199,100 点（1～32 767 次）
	32 位双向计数器[①]	C200～C219,20 点（－2 147 483 648～2 147 483 647 次）
	32 位双向计数器[②]	C220～C234,15 点（－2 147 483 648～2 147 483 647 次）
	32 位高速双向计数器[②]	C235～C255 中的 6 点
数据寄存器（成对使用时为 32 位）	16 位一般用[①]	D0～D199,200 点
	16 位保持用[②]	D200～D511,312 点
	16 位保持用[③]	D512～D7999,7 488 点（D1000 以后可以 500 点为单位设置文件寄存器）
	16 位特殊用	D8000～D8511,106 点
	16 位变址用	V0～V7,Z0～Z7,16 点

项　目		内　容
指针	JAMP,CALL 分支用	P0~P127，128 点
	输入中断、定时中断	I0□□~I8□□，9 点
	计数中断	I010~I060，6 点
嵌套	主控用	N0~N7,8 点
常数	十进制数（K）	16 位，−32 768~32 767；32 位，−2 147 483 648~2 147 483 647
	十六进制数（H）	16 位,0~FFFF；32 位,0~FFFFFFFF

注：①非电池保持区域。通过参数设置可变为电池保持区域。

　　②电池保持区域。通过参数设置可变为非电池保持区域。

　　③电池保持固定区域。区域特性不可改变。

任务2　了解三菱 FX₃ᵤ 系列 PLC 的硬件构成

学习任务

(1)了解 FX₃ᵤ 系列 PLC 面板上各部分的功能。

(2)了解 FX₃ᵤ 系列 PLC 的硬件构成。

(3)熟悉 FX₃ᵤ 系列 PLC 的内部资源，掌握其外部接线。

相关知识

1. FX₃ᵤ 系列 PLC 主机面板

FX₃ᵤ 系列 PLC 主机面板如图 1-9 所示。

图 1-9 中主要部分的功能如下：

①上盖板。

②电池盖板。

③连接特殊适配器用的卡扣。

④功能扩展板部分的空盖板。

⑤RUN/STOP 开关。

⑥连接外部设备用的连接口。

⑦安装 DIN 导轨用的卡扣。

⑧输出动作指示灯（OUT）。

⑨运行状态指示灯。

⑩连接扩展设备用的连接器盖板。

⑪端子排盖板。

⑫输入动作指示灯（IN）。

⑬电源端子。

⑭保护用端子盖板。

⑮输入(X)端子。

⑯输出(Y)端子。

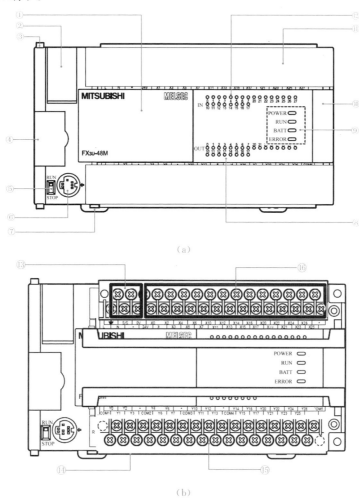

(a)

(b)

图 1-9　FX₃ᵤ系列 PLC 主机面板

2. FX₃ᵤ系列 PLC 的型号名称体系

(1)基本单元型号名称

FX₃ᵤ系列 PLC 基本单元内置了电源、CPU、存储器、输入/输出等,其型号名称为 FX₃ᵤ-○○M□/□。其中:

①FX₃ᵤ为系列名称。

②○○为输入/输出点数和。

③M 表示基本单元。

④□/□为输入/输出方式。其中,R/ES 表示 DC 24 V(漏型/源型)输入/继电器输出;T/ES 表示 DC 24 V(漏型/源型)输入/晶体管(漏型)输出;T/ESS 表示 DC 24 V(漏型/源型)输入/晶体管(源型)输出。

(2)FX$_{3U}$系列 PLC 的基本单元

FX$_{3U}$系列 PLC 的基本单元见表 1-6。

表 1-6 FX$_{3U}$系列 PLC 的基本单元

输入/输出总点数	输入点数	输出点数	型号名称	输出方式(连接形状:端子排)
16	8	8	FX$_{3U}$-16MR/ES	继电器
16	8	8	FX$_{3U}$-16MT/ES	晶体管(漏型)
16	8	8	FX$_{3U}$-16MT/ESS	晶体管(源型)
32	16	16	FX$_{3U}$-32MR/ES	继电器
32	16	16	FX$_{3U}$-32MT/ES	晶体管(漏型)
32	16	16	FX$_{3U}$-32MT/ESS	晶体管(源型)
48	24	24	FX$_{3U}$-48MR/ES	继电器
48	24	24	FX$_{3U}$-48MT/ES	晶体管(漏型)
48	24	24	FX$_{3U}$-48MT/ESS	晶体管(源型)
64	32	32	FX$_{3U}$-64MR/ES	继电器
64	32	32	FX$_{3U}$-64MT/ES	晶体管(漏型)
64	32	32	FX$_{3U}$-64MT/ESS	晶体管(源型)
80	40	40	FX$_{3U}$-80MR/ES	继电器
80	40	40	FX$_{3U}$-80MT/ES	晶体管(漏型)
80	40	40	FX$_{3U}$-80MT/ESS	晶体管(源型)

(3)FX$_{3U}$系列 PLC 的功能扩展板

FX$_{3U}$系列 PLC 的功能扩展板见表 1-7。

表 1-7 FX$_{3U}$系列 PLC 的功能扩展板

型号名称	内　容
FX$_{3U}$-CNV-BD	安装特殊适配器用的连接器转换
FX$_{3U}$-232-BD	RS-232C 通信
FX$_{3U}$-422-BD	RS-422 通信(与基本单元中内置的连接外部设备用的连接口功能相同)
FX$_{3U}$-485-BD	RS-485 通信
FX$_{3U}$-USB-BD	USB 通信(编程用)

(4)FX$_{3U}$系列 PLC 的特殊适配器

①FX$_{3U}$系列 PLC 的特殊适配器中的模拟量功能见表 1-8。

表 1-8   FX$_{3U}$ 系列 PLC 的特殊适配器中的模拟量功能

型号名称	内　容
FX$_{3U}$-4AD-ADP	4 通道,电压输入/电流输入
FX$_{3U}$-4DA-ADP	4 通道,电压输出/电流输出
FX$_{3U}$-4AD-PT-ADP	4 通道,铂电阻温度传感器输入
FX$_{3U}$-4AD-TC-ADP	4 通道,热电偶(K 型、J 型)温度传感器输入

②FX$_{3U}$ 系列 PLC 的特殊适配器中的通信功能见表 1-9。

表 1-9   FX$_{3U}$ 系列 PLC 的特殊适配器中的通信功能

型号名称	内　容
FX$_{3U}$-232ADP	RS-232C 通信
FX$_{3U}$-485ADP	RS-485 通信

③FX$_{3U}$ 系列 PLC 的特殊适配器中的高速输入/输出功能见表 1-10。

表 1-10   FX$_{3U}$ 系列 PLC 的特殊适配器中的高速输入/输出功能

型号名称	内　容
FX$_{3U}$-4HSX-ADP	差动线性驱动输入(高速计数器用)
FX$_{3U}$-2HSY-ADP	差动线性驱动输出(定位输出用)

3. FX$_{3U}$ 系列 PLC 的内部资源

FX$_{3U}$ 系列 PLC 的内部资源见表 1-11。

表 1-11   FX$_{3U}$ 系列 PLC 的内部资源

项　目		性　能
运算控制方式		重复执行保存的程序方式,有中断功能
输入/输出控制方式		批处理方式(执行 END 指令时),有 I/O 刷新指令及脉冲捕捉功能
程序语言		继电器符号＋步进梯形图方式(可用 SFC 表示)
程序存储	最大存储容量	64 000 步(通过参数的设定,可设定为 2 KB/4 KB/8 KB/16 KB/32 KB) 在程序内存中编写注释、文件寄存器 ● 注释:最大 6 350 点(50 点/500 步) ● 文件寄存器:最大 7 000 点(500 点/500 步)
	内置存储器容量/形式	64 000 步/RAM 存储器(使用内置锂电池进行备份)
	存储器盒(选件)	快闪存储器 ● FX$_{3U}$-FLROM-64L:64 000 步(有程序传送功能) ● FX$_{3U}$-FLROM-64:64 000 步(无程序传送功能) ● FX$_{3U}$-FLROM-16:16 000 步(无程序传送功能) 允许写入次数:1 万次
	RUN 中写入功能	有(可编程控制器运行中可以更改程序)
实时时钟	时钟功能	内置 1980～2079 年(有闰年修正),公历 2 位数/4 位数,月误差±45 s(25 ℃)

PLC 综合应用技术

项　目		性　能	
指令种类	基本指令	顺控指令 29 条,步进梯形图指令 2 条	
	应用指令	218 种,486 个	
运算处理速度	基本指令	0.065 μs/指令	
	应用指令	0.624 μs～数 100 μs/指令	
输入/输出点数	扩展并用时输入点数	248 点	
	扩展并用时输出点数	248 点	
	远程 I/O 点数(CC-Link)	224 点以下	
	远程 I/O 点数(AS-i)	248 点以下	
输入/输出继电器	输入继电器	X000～X367,248 点	软元件编号为八进制数,输入/输出合计 256 点
	输出继电器	Y000～Y367,248 点	
辅助继电器	一般用(可变)	M0～M499,500 点	可以通过参数改变保持/不保持的设定
	保持用(可变)	M500～M1023,524 点	
	保持用(固定)	M1024～M7679,6 656 点	—
	特殊用	M8000～M8511,512 点	—
状态元件	初始状态(一般用,可变)	S0～S9,10 点	可以通过参数改变保持/不保持的设定
	一般用(可变)	S10～S499,490 点	
	保持用(可变)	S500～S899,400 点	
	信号报警用(保持用,可变)	S900～S999,100 点	
	保持用(固定)	S1000～S4095,3 096 点	
定时器(ON 延迟)	100 ms	T0～T191,192 点	0.1～3 276.7 s
	100 ms(子程序、中断子程序用)	T192～T199,8 点	0.1～3 276.7 s
	10 ms	T200～T245,46 点	0.01～327.67 s
	1 ms 累积型	T246～T249,4 点	0.001～32.767 s
	100 ms 累积型	T250～T255,6 点	0.1～3 276.7 s
	1 ms	T256～T511,256 点	0.001～32.767 s
计数器	一般用递增(16 位,可变)	C0～C99, 100 点	0～32 767 的计数 可以通过参数更改保持/不保持的设定
	保持用递增(16 位,可变)	C100～C199,100 点	
	一般用双向(32 位,可变)	C200～C219,20 点	−2 147 483 648～2 147 483 647 的计数 可以通过参数更改保持/不保持的设定
	保持用双向(32 位,可变)	C220～C234,15 点	
高速计数器	单相单计数输入双向(32 位,可变)	C235～C245	C235 ～ C255 中最大可以使用 8 点	−2 147 483 648～2 147 483 647 的计数(保持用) 可以通过参数更改保持/不保持的设定
	单相双计数输入双向(32 位,可变)	C246～C250	
	双相双计数输入双向(32 位,可变)	C251～C255	
数据寄存器(成对使用时为 32 位)	一般用(16 位,可变)	D0～D199,200 点	可以通过参数更改保持/不保持的设定
	保持用(16 位,可变)	D200～D511,312 点	
	保持用(16 位,固定,文件寄存器)	D512 ～ D7999（D1000 ～ D7999),7 488 点(7 000 点)	可以通过参数以 500 点为单位将保持固定用的数据寄存器 7488 点中的 D1000 以后的软元件设定为文件寄存器
	特殊用(16 位)	D8000～D8511,512 点	—
	变址用(16 位)	V0～V7,Z0～Z7,16 点	—

项　目		性　能	
扩展寄存器(16 位)		R0～R32767,32 768 点	用电池进行停电保持
扩展文件寄存器(16 位)		ER0～ER32767,32 768 点	仅当安装了存储器盒时可以使用
指针	JAMP、CALL 分支用	P0～P4095,4 096 点	CJ 指令、CALL 指令用
	输入中断、输入延时中断	I0□□－I5□□,6 点	
	定时中断	I6□□－I8□□,3 点	
	计数中断	I010～I060,6 点	HSCS 指令用
嵌套	主控用	N0～N7,8 点	MC 指令用
常数	十进制数(K)	16 位,－32 768～32 767	
		32 位,－2 147 483 648～2 147 483 647	
	十六进制数(H)	16 位,0～FFFF	
		32 位,0～FFFFFFFF	
	实数(E)	$-1.0 \times 2^{128} \sim -1.0 \times 2^{-126}$,0,$1.0 \times 2^{-126} \sim 1.0 \times 2^{128}$ 可以用小数点和指数形式表示	
	字符串(" ")	用" "中的字符进行指定 指令中的常数中,最多可以使用 32 个半角字符	

4. FX₃U 系列 PLC 的接线

(1) FX₃U 系列 PLC 端子排列的阅读方法

FX₃U 系列 PLC 的端子排列如图 1-10 所示。

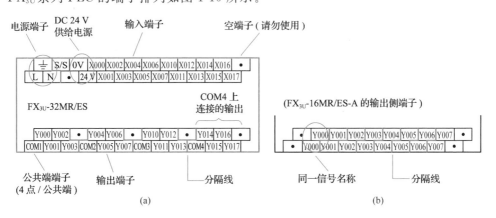

图 1-10　FX₃U 系列 PLC 的端子排列

注意:公共端上连接的输出编号(Y)就是"分隔线"用粗线框出的范围。

FX₃U-16MR/ES-A PLC 的输出端子如图 1-10(b)所示,输出是以 1 点/1 个公共端为单位,连接继电器输出触点的两端,以同一信号名称记载。

当输出端接 DC 电源时,不用考虑电源极性,怎么接都可以。

(2) FX₃U 系列 PLC 的输入接线

漏型 FX₃U 系列 PLC 的输入接线如图 1-11 所示。

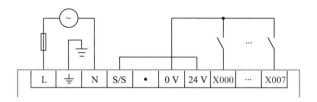

图 1-11 漏型 FX₃U 系列 PLC 的输入接线

源型 FX₃U 系列 PLC 的输入接线如图 1-12 所示。

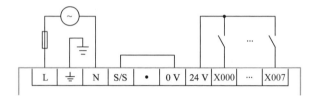

图 1-12 源型 FX₃U 系列 PLC 的输入接线

(3)FX₃U 系列 PLC 的输出接线

FX₃U 系列 PLC 的输出接线以 FX₃U-16M□/□ 为例进行说明,其端子排列如图 1-13 所示。

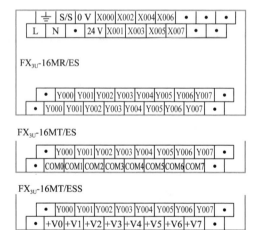

图 1-13 FX₃U-16M□/□ 的端子排列

FX₃U-16MR/ES 的输出接线如图 1-14 所示。

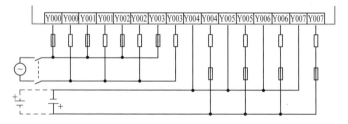

图 1-14 FX₃U-16MR/ES 的输出接线

FX₃U-16MT/ES 的输出接线如图 1-15 所示。

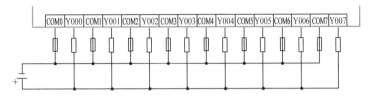

图 1-15 FX₃U-16MT/ES 的输出接线

FX₃U-16MT/ESS 的输出接线如图 1-16 所示

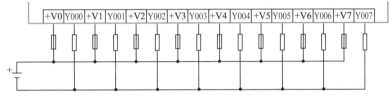

图 1-16 FX₃U-16MT/ESS 的输出接线

任务 3 了解 PLC 的软件构成

学习任务

(1)了解 PLC 系统管理程序的功能。

(2)熟悉 PLC 的工作原理。

相关知识

1. PLC 的软件构成

PLC 的软件既称为 PLC 的系统程序，又称为系统监控程序，是由 PLC 制造者设计的，用于对 PLC 的运行管理。系统监控程序分为系统管理程序、用户指令解释程序、标准程序模块和系统调用等。

(1)系统管理程序

系统管理程序用于整个 PLC 的运行管理，管理程序又分为三部分：

①运行管理：控制 PLC 何时输入、何时输出、何时运算、何时自检、何时通信等，进行时间上的分配管理。

②存储空间的管理：即生成用户环境，由它规定各种参数、程序的存放地址，将用户使用的数据参数存储地址转化为实际的数据格式及物理存放地址。它将有限的资源变为用户可直接使用的元件。例如，它将有限个数的 CTC 扩展为几十至上百个用户时钟和计数器。通过这部分程序，用户看到的就不是实际机器存储地址和 PIO、CTC 的地址了，而是按照用户数据结构排列的元件空间和程序存储空间了。

③系统自检程序：它包括各种系统出错检验、用户程序语法检验、句法检验、警戒时钟运行等。

在系统管理程序的控制下，PLC 就能按部就班地正确工作了。

(2)用户指令解释程序

任何计算机最终都是根据机器语言来执行的，而机器语言的编制又是很麻烦的。为此，在 PLC 中采用梯形图编程，将人们易懂的梯形图程序变为机器能懂的机器语言程序，即将梯形图程序逐条翻译成相应的机器码，这就是用户指令解释程序的任务。

事实上，为了节省内存，加快解释速度，用户程序是以内码的形式存储在 PLC 中的。用户程序变为内码形式的这一步是由编辑程序来实现的，它可以插入、删除、检查用户程序，方便程序的调试。

(3)标准程序模块和系统调用

标准程序模块和系统调用部分是由许多独立的程序块组成的，各自能完成不同的功能，有些完成输入/输出，有些完成特殊运算等。PLC 的各种具体工作都是由这部分程序来完成的，这部分程序的多少，就决定了 PLC 性能的强弱。

整个系统监控程序是一个整体，它质量的好坏很大程度上影响了 PLC 的性能。因此通过改进系统监控程序就可在不增加任何硬件设备的条件下大大改善 PLC 的性能，所以国外 PLC 厂家对系统监控程序的设计非常重视，实际售出的产品中，其系统监控程序一直在不断地完善。

2. PLC 用户程序

PLC 用户程序是用户根据控制要求，用 PLC 的软元件和编程语言(如梯形图、助记符语言、高级语言、汇编语言等)编制的应用程序，其形式随 PLC 型号的不同而略有不同。用户通过编程器或计算机将用户程序写入 PLC 的 RAM 内存中，可以修改和更新，当 PLC 断电时被锂电池保持。用户程序线性地存储在系统监控程序指定的存储区间内，它的最大容量也是由系统监控程序确定的。

(1)梯形图

梯形图形象直观，类似电气控制系统中继电器控制电路图，逻辑关系明显，容易被电气技术人员接受，是目前使用最广泛的编程语言。

①梯形图简介

● 梯形图按行从上到下、每一行从左到右的顺序编写。PLC 程序执行顺序与梯形图的编写一致，如图 1-17 所示。

● 梯形图左边垂直线称为左母线，右边垂直线称为右母线。右母线可以不画出来。左母线右侧放置 PLC 的输入触点和内部继电器触点。梯形图触点有两种，即常开触点和常闭触点。这些触点可以是 PLC 的输入触点或内部继电器触点，也可以是内部寄存器、定时器/计数器的状态。

● 梯形图的最右侧必须放置输出器件。PLC 的输出器件可用椭圆、圆圈或括号表示，

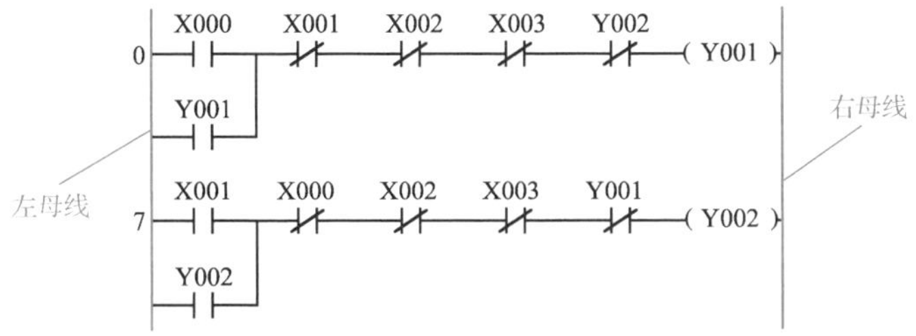

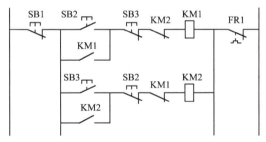

0	LD	X000		7	LD	X001
1	OR	Y001		8	OR	Y002
2	ANI	X001		9	ANI	X000
3	ANI	X002		10	ANI	X002
4	ANI	X003		11	ANI	X003
5	ANI	Y002		12	ANI	Y001
6	OUT	Y001		13	OUT	Y002

(a)梯形图　　　　　　　　　　　(b) 三菱PLC的指令表(助记符语言)

图 1-17　梯形图与助记符语言

不同的厂家的产品,其表示方法略有不同,本书用括号表示,括号可以表示内部继电器线圈、输出继电器线圈或定时器/计数器的逻辑运算结果。输出线圈直接与右母线相连,输出线圈与右母线之间不能连有触点。

● 梯形图中的触点可以任意串联或并联,而输出线圈只能并联不能串联。

● 输出线圈只能对应输出映像区的相应位,而不能直接驱动现场设备。该位的状态只能在程序执行结束和输出刷新阶段进行输出。刷新后的输出控制信号经 I/O 接口对应的输出模块驱动负载工作。

● 梯形图中每个编程元件应按一定的规则加标字母、数字串。

②梯形图与继电器控制的区别

对于同一控制电路,继电器控制线路图和梯形图的输入/输出信号及控制过程等效,如图 1-18 所示。但两者有本质区别:继电器控制线路图使用的是硬件继电器和定时器,靠硬件连接组成控制线路,同一元件的常开、常闭触点的动作具有统一性,没有先后顺序之分。而梯形图使用的是内部继电器、定时器/计数器等,靠软件实现控制。PLC 执行梯形图时是按指令的扫描顺序执行的,故同一个元件的常开、常闭触点的动作有先后顺序之分。

(a) 继电器控制线路图

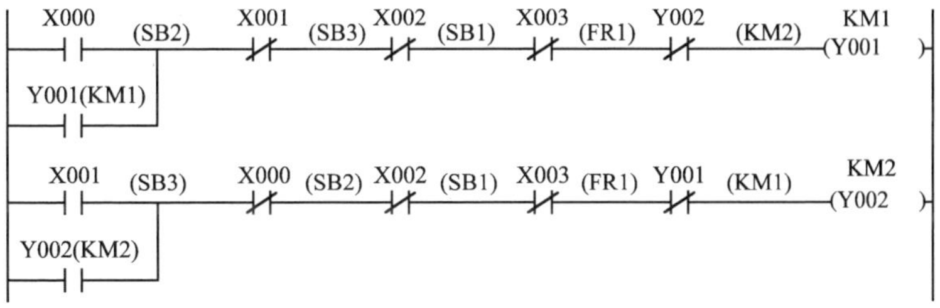

(b) 梯形图

图 1-18　继电器控制线路图和梯形图

（2）助记符语言

PLC 的助记符语言是 PLC 的命令语句表达式，它与计算机汇编语言类似。用户可以直观地根据梯形图写出助记符语言程序，并通过编程器或计算机传送到 PLC 中去，如图1-17(b)所示为三菱 PLC 的助记符语言。不同厂家生产的 PLC 所使用的助记符不同。

（3）顺序功能图（状态图）

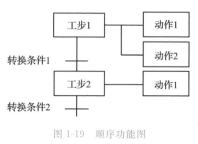

图 1-19　顺序功能图

顺序功能图（状态图）常用来编制顺序控制程序。它包括工步、动作、转换条件三要素。顺序功能编程法可将一个复杂的控制过程分解为一些具体的工作状态，把这些具体的工作状态分别处理后，再依一定的顺序控制要求，组合成整体的控制程序。顺序功能图体现了一种编程思想，在程序的编制中有很重要的意义。顺序功能图如图 1-19 所示。

3. PLC 的基本工作原理

（1）PLC 的工作过程

PLC 运行程序的方式与微型计算机相比有较大的不同，微型计算机运行程序时，一旦执行到 END 指令，程序即运行结束。而 PLC 从 0000 号存储地址所存放的第一条用户程序开始，在无中断或跳转的情况下，按存储地址号递增的方向顺序逐条执行用户程序，直到 END 指令结束，然后再从头开始执行，并周而复始地重复，直到停机或从运行状态（RUN）切换到停止状态（STOP）时，程序才停止运行。

PLC 这种执行程序的方式称为扫描工作方式。每次从程序开始扫描到程序结束（END），就构成一个扫描周期。另外，PLC 对输入/输出信号的处理与微型计算机不同：微型计算机对输入/输出信号是实时处理，而 PLC 对输入/输出信号是集中批处理。

PLC 扫描工作原理

PLC 扫描周期主要分三个阶段：输入采样、程序执行、输出刷新。

①输入采样

PLC 在开始执行程序之前，首先扫描输入端子，按顺序将所有输入信号读入寄存输入状态的输入映像寄存器中，这个过程称为输入采样。PLC 在运行程序时，所需的输入信号不是实时取输入端子上的信息，而是取输入映像寄存器中的信息。在本工作周期内这个采样结果的内容不会改变，只有到下一个扫描周期输入采样阶段才被刷新。

②程序执行

PLC 完成了输入采样工作后，按顺序对从 0000 号存储地址开始的程序进行逐条扫描执行，并分别对从输入映像寄存器、输出映像寄存器以及辅助继电器中获得的数据进行运算处理，再将程序执行的结果写入寄存执行结果的输出映像寄存器中保存，但这个结果在全部程序未被执行完毕之前不会送到输出端子上。

③输出刷新

在执行到 END 指令,即执行完用户所有程序后,PLC 将输出映像寄存器中的内容送到输出锁存器中进行输出,驱动用户设备。PLC 扫描过程如图 1-20 所示。

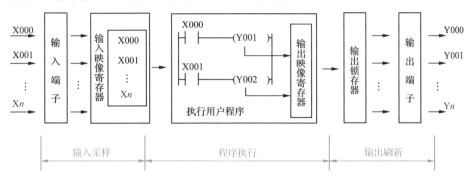

图 1-20　PLC 扫描过程

PLC 工作过程除了包括上述三个主要阶段外,还要完成内部处理、通信处理等工作。在内部处理阶段,PLC 检查 CPU 模块内部的硬件是否正常,将监控定时器复位,以及完成一些别的内部工作。

(2)输入/输出的滞后现象

从微观上来考察,由于 PLC 特定的扫描工作方式,程序在执行过程中所用的输入信号是本周期内采样阶段的输入信号。若在程序执行过程中,输入信号发生变化,其输出不能立即做出反应,只能等到下一个扫描周期开始时采样该变化了的输入信号。另外,程序执行过程中产生的输出不是立即去驱动负载,而是将处理的结果存放在输出映像寄存器中,等程序全部执行结束,才能将输出映像寄存器的内容通过输出锁存器输出到端子上。因此,PLC 最显著的不足之处是输入/输出有滞后现象。但对于一般工业设备来说,其输入为一般的开关量,其输入信号的变化周期(秒级以上)大于程序的扫描周期(毫秒、微秒级),因此,从宏观上来考察,输入信号一旦变化,就能立即进入输入映像寄存器,也就是说,PLC 输入/输出的滞后现象对一般工业设备来说是完全允许的。但对某些设备,当其需要输出对输入做快速反应时,可采用快速响应模块、高速计数模块以及中断处理等措施来尽量减少滞后时间。

从 PLC 的工作过程,可以总结如下几个结论:

①以扫描的方式执行程序,其输入/输出信号间的逻辑关系存在着原理上的滞后。扫描周期越长,滞后就越严重。

②扫描周期除了包括输入采样、程序执行、输出刷新三个主要阶段所占用的时间外,还包括系统管理操作占用的时间。其中,程序执行的时间与程序的长短及指令操作的复杂程度有关,其他基本不变。扫描周期一般为毫秒、微秒级。

③第 N 次扫描执行程序时,所依据的输入数据是该次扫描周期中采样阶段的扫描值 X_N;所依据的输出数据有上一次扫描的输出值 Y_{N-1},也有本次的输出值 Y_N 送往输出端子的信号,最终是本次执行全部运算后的结果 Y_N。

④输入/输出的滞后现象不仅与扫描方式有关,还与程序设计有关。

PLC 综合应用技术

1. PLC 由哪几部分组成？各有什么作用？

2. FX$_{2N}$-64MR、FX$_{2N}$-64MT、FX$_{2N}$-16ERY、FX$_{3U}$-16MR/ES、FX$_{3U}$-32MT/ESS 五种 PLC 型号名称分别表示什么？

3. 梯形图与继电器控制有何区别？

4. 详细说明 PLC 的扫描工作原理。在扫描工作过程中，输入映像寄存器和输出映像寄存器各起什么作用？

项目 2
梯形图与指令的相互转换

任务 1　掌握梯形图与指令的相互转换

任务引入

学习 PLC 编程之前,一项重要的技能就是能将梯形图编译成指令,即使用编程软件编程。程序在下载中也是要将梯形图编译成指令的,只不过这项工作由编程软件完成。梯形图编译的过程能帮助大家更好地了解各元件之间的逻辑关系及梯形图的编程规则。下面我们通过如图 2-1 所示梯形图来分析各元件之间的逻辑关系,将梯形图编译成指令。

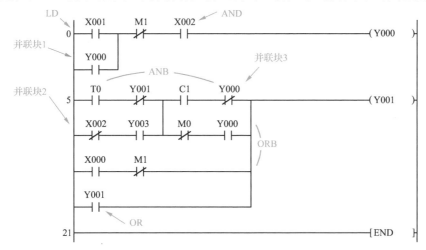

图 2-1　任务 1 梯形图(1)

任务分析

要完成本任务,必须具备以下知识:

（1）掌握基本逻辑指令 LD、LDI、AND、ANI、OR、ORI、ORB、ANB、MPS、MRD、MPP、OUT 的使用方法。

（2）掌握梯形图与指令相互转换的方法。

相关知识

1. 基本逻辑指令（一）

（1）LD 指令

逻辑关系为取信号，表示的是元件的常开触点。使用 LD 指令的条件：

①与母线相连的常开触点可以使用 LD 指令。如图 2-1 中，元件 X001、Y000、T0、X000、Y001 的常开触点都与母线相连，都可以使用 LD 指令。但有一个原则：用最少的指令将元件之间的逻辑关系表达清楚。如在并联块 1 中，元件 X001、Y000 如果都用 LD 指令，只表示它们与母线相连，并没有交代它们之间的并联关系，故还要使用第三条指令 ORB 说明它们之间的并联关系，这不是最好的结果。

②不与母线相连的并联块电路中，每条分支的第一个元件是常开触点的要使用 LD 指令。如并联块 3 中元件 C1 的常开触点。

（2）LDI 指令

逻辑关系为将此处信号断开，表示的是元件的常闭触点。使用 LDI 指令的条件：

①与母线相连的常闭触点可以使用 LDI 指令。如并联块 2 中元件 X002 的常闭触点。

②不与母线相连的并联块电路中，每条分支的第一个元件是常闭触点的可以使用 LDI 指令。如并联块 3 中元件 M0 的常闭触点。

（3）AND 指令

逻辑关系为"与"。使用 AND 指令的条件：

单个（指该元件不与其他元件组成并联电路）常开触点与前面的电路组成串联关系的可以使用 AND 指令。图 2-1 中能使用 AND 指令的元件有元件 X002 的常开触点、并联块 2 中元件 Y003 的常开触点、并联块 3 中元件 Y000 的常开触点。

（4）ANI 指令

逻辑关系为"与非"。使用 ANI 指令的条件：

单个（指该元件不与其他元件组成并联电路）常闭触点与前面的电路组成串联关系的可以使用 ANI 指令。图 2-1 中能使用 ANI 指令的元件有元件 M1 的常闭触点（2 个）、并联块 2 中元件 Y001 的常闭触点、并联块 3 中元件 Y000 的常闭触点。

（5）OR 指令

逻辑关系为"或"。使用 OR 指令的条件：

单个（指该条支路中只有一个元件）常开触点与上面的电路组成并联关系的可以使用 OR 指令。图 2-1 中能使用 OR 指令的元件有并联块 1 中元件 Y000 的常开触点，使用 OR 指令即能将它们的逻辑关系交代清楚，不需要再使用别的指令。图 2-1 中最下面的常开触点 Y001 也要使用 OR 指令。

（6）ORI 指令

逻辑关系为"或非"。使用 ORI 指令的条件：

单个（指该条支路中只有一个元件）常闭触点与上面的电路组成并联关系的可以使用 ORI 指令。图 2-1 中没有元件可以使用 ORI 指令。

以上六条指令的操作元件：X、Y、M、T、C、S。程序步：1 步。

（7）ORB 指令

逻辑关系指串联电路块的并联。

图 2-1 中并联块 2、并联块 3 是由两个串联块组成的并联块电路，故串联块电路的指令写完后要加 ORB 指令，表示两个串联块电路组成了并联块电路。

（8）ANB 指令

逻辑关系指并联电路块的串联。

图 2-1 中并联块 2、并联块 3 是串联的关系，应使用块串联的指令 ANB，而不能使用元件串联的指令 AND。

ORB 指令和 ANB 指令的操作元件：无。程序步：1 步。

（9）OUT 指令

线圈驱动指令。只有有线圈的元件才能使用 OUT 指令。

OUT 指令的操作元件：Y、M、S、T、C。程序步：Y、M、S 为 1 步；T、C 为 3 步。

2. 将梯形图编译成指令的步骤

（1）从梯形图最上边、最左边的元件开始写。

（2）一定要按元件执行的顺序写。

（3）是块电路的，一定要将块电路写完后，再写别的指令。

（4）块电路之间的逻辑关系一定要交代清楚，否则 PLC 执行时将不清楚它们之间的逻辑关系，执行出错。

（5）指令写完后，最后要加 END 指令。

3. 基本逻辑指令(二)

读如图 2-2 所示梯形图,将其编译成指令。如只用上面所讲述的基本逻辑指令(一),是不能正确将其编译成指令的,必须掌握下面新的指令。

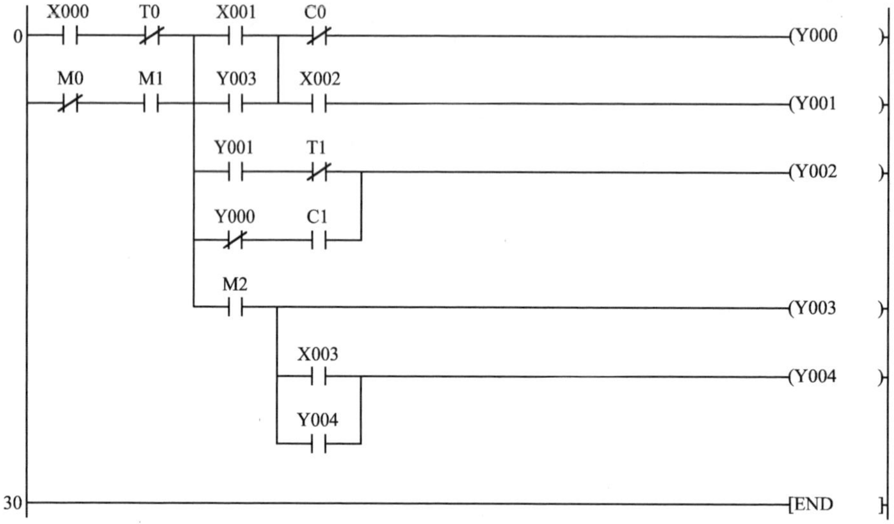

图 2-2　任务 1 梯形图(2)

分析图 2-3(a)和图 2-3(b)两梯形图中元件线圈的输出有什么不同。

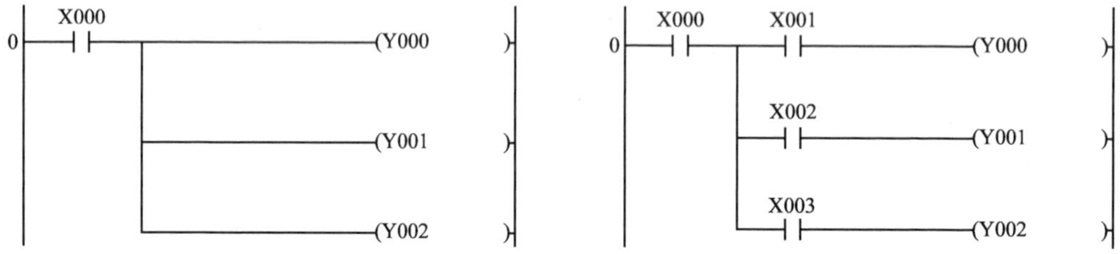

(a)纵接输出　　　　　　　　　(b)多重输出

图 2-3　线圈的输出

(1)纵接输出

如图 2-3(a)所示的梯形图为纵接输出,其特点是分支点与输出线圈之间没有元件的触点或由触点组成的块电路。其指令写法最大的特点是所有线圈都使用 OUT 指令直接输出。

如图 2-3(a)所示梯形图的指令如下:

```
0    LD     X000
1    OUT    Y000
2    OUT    Y001
3    OUT    Y002
```

如图 2-4(a)所示梯形图也可以使用纵接输出的方法写出指令,如图 2-4(b)所示。

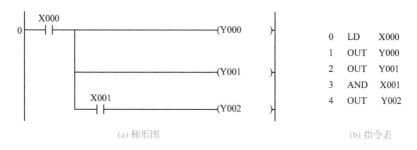

(a) 梯形图

0	LD	X000
1	OUT	Y000
2	OUT	Y001
3	AND	X001
4	OUT	Y002

(b) 指令表

图 2-4　纵接输出梯形图及指令表

(2)多重输出

①典型多重输出

如图 2-3(b)所示梯形图为多重输出，其特点是分支点与输出线圈之间有元件的触点或由触点组成的块电路。其指令写法最大的特点是所有线圈支路都使用多重输出指令。

多重输出有三条指令，分别是：

- MPS：进栈，对第一个输出进行说明。
- MRD：读栈，对中间的输出进行说明。
- MPP：出栈，对最后的输出进行说明。

三条指令都不带操作元件，只是对输出进行说明，程序步为 1 步。

如图 2-5 所示是不同形式的多重输出梯形图及指令表，记住梯形图的特点和指令的写法。

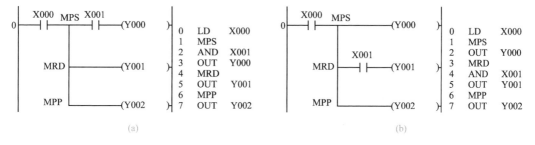

0	LD	X000
1	MPS	
2	AND	X001
3	OUT	Y000
4	MRD	
5	OUT	Y001
6	MPP	
7	OUT	Y002

(a)

0	LD	X000
1	MPS	
2	OUT	Y000
3	MRD	
4	AND	X001
5	OUT	Y001
6	MPP	
7	OUT	Y002

(b)

图 2-5　多重输出梯形图及指令表

②二层栈多重输出

二层栈多重输出梯形图及指令表如图 2-6 所示。

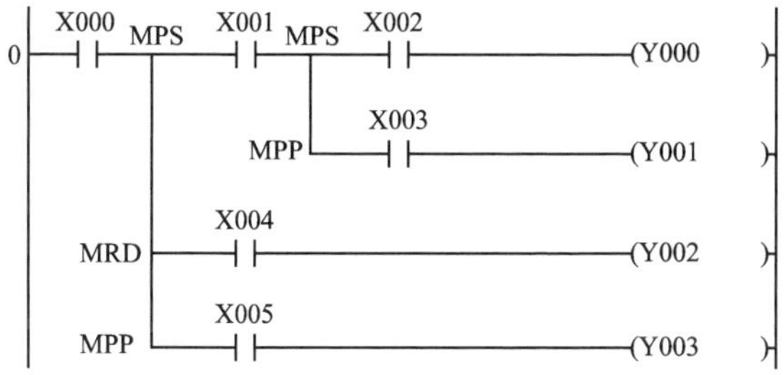

(a) 梯形图

0	LD	X000
1	MPS	
2	AND	X001
3	MPS	
4	AND	X002
5	OUT	Y000
6	MPP	
7	AND	X003
8	OUT	Y001
9	MRD	
10	AND	X004
11	OUT	Y002
12	MPP	
13	AND	X005
14	OUT	Y003

(b) 指令表

图 2-6　二层栈多重输出梯形图及指令表

③使用 MPS、MPP 指令的多重输出

在多重输出中，MPS、MPP 必须配对出现。当只有两条输出时，中间就没有读栈指令

MRD 了;当有四条输出时,中间两条输出都必须使用读栈指令 MRD。如图 2-7 所示。

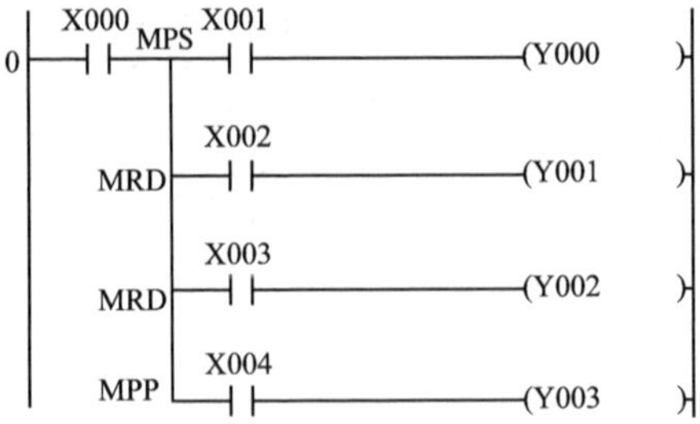

0	LD X000 12 OUT Y003
1	MPS
2	AND X001
3	OUT Y000
4	MRD
5	AND X002
6	OUT Y001
7	MRD
8	AND X003
9	OUT Y002
10	MPP
11	AND X004

(a) 梯形图   (b) 指令表

图 2-7   使用 MPS、MPP 指令的多重输出

④使用 ANB、ORB 指令的多重输出

在多重输出中,当出现块电路时,根据电路的逻辑关系,要恰当地使用 ANB、ORB 指令,如图 2-8 所示。

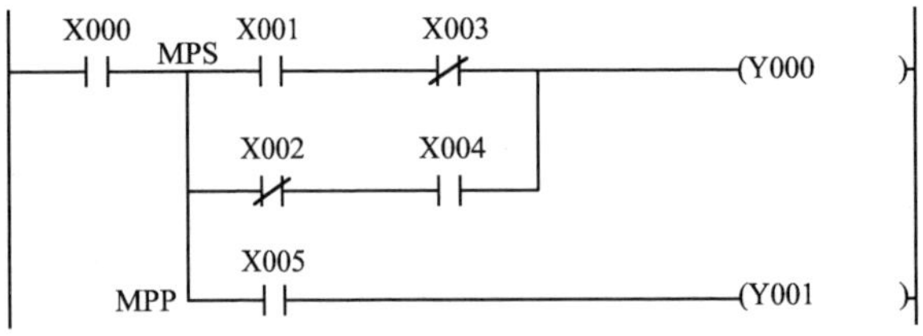

0	LD X000	9 MPP
1	MPS	10 AND X005
2	LD X001	11 OUT Y001
3	ANI X003	
4	LDI X002	
5	AND X004	
6	ORB	
7	ANB	
8	OUT Y000	

(a) 梯形图   (b) 指令表

图 2-8   使用 ANB、ORB 指令的多重输出

任务实施

(1)将图 2-1 中的梯形图转换成指令如下:

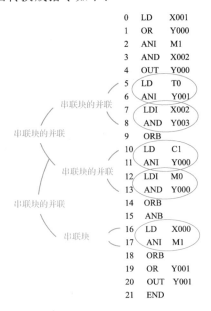

0	LD	X001
1	OR	Y000
2	ANI	M1
3	AND	X002
4	OUT	Y000
5	LD	T0
6	ANI	Y001
7	LDI	X002
8	AND	Y003
9	ORB	
10	LD	C1
11	ANI	Y000
12	LDI	M0
13	AND	Y000
14	ORB	
15	ANB	
16	LD	X000
17	ANI	M1
18	ORB	
19	OR	Y001
20	OUT	Y001
21	END	

串联块的并联
串联块的并联
串联块的并联
串联块的并联
串联块

(2)将图 2-2 中的梯形图转换成指令如下：

0	LD	X000	10	ANI	C0	20	ORB		30	END
1	ANI	T0	11	OUT	Y000	21	ANB			
2	LDI	M0	12	MPP		22	OUT	Y002		
3	AND	M1	13	AND	X002	23	MPP			
4	ORB		14	OUT	Y001	24	AND	M2		
5	MPS		15	MRD		25	OUT	Y003		
6	LD	X001	16	LD	Y001	26	LD	X003		
7	OR	Y003	17	ANI	T1	27	OR	Y004		
8	ANB		18	LDI	Y000	28	ANB			
9	MPS		19	AND	C1	29	OUT	Y004		

能力测试

(1)读下面的指令，画出对应的梯形图。

0	LD	X000	6	ORB		12	ANI	X011	18	OUT	Y001
1	ORI	X003	7	ANB		13	LDI	X010	19	END	
2	LDI	M101	8	ORI	X004	14	AND	Y001			
3	AND	M102	9	ANI	X001	15	ORB				
4	LD	X002	10	OUT	M0	16	ANI	X012			
5	AND	X003	11	LD	M100	17	OUT	Y000			

(2)分析如图 2-9 所示梯形图各元件之间的逻辑关系，写出指令。

图 2-9 读梯形图，写出指令(1)

(3)读下面的指令，画出对应的梯形图。

0	LD	X000	8	OR	Y001	16	OUT	Y002
1	OR	Y000	9	ANB		17	MPP	
2	ANI	X001	10	ANI	X011	18	LD	X020
3	MPS		11	MPS		19	OR	Y003
4	AND	M000	12	AND	M2	20	ANB	
5	OUT	Y000	13	OUT	Y001	21	ANI	X021
6	MPP		14	MRD		22	OUT	Y003
7	LD	X010	15	ANI	M3	23	END	

（4）分析如图 2-10 所示梯形图各元件之间的逻辑关系，写出指令。

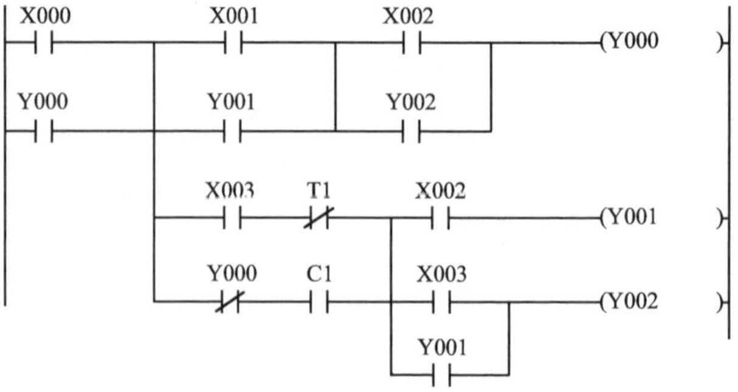

图 2-10　读梯形图，写出指令（2）

任务 2　FX-20P 编程器的使用

任务引入

梯形图编译成指令后，如何将指令传送给 PLC，让 PLC 去执行程序，成为首要任务。将指令传送给 PLC 最常用的两种方法：一是使用编程软件；二是使用编程器。本任务所要达到的目的：将如图 2-11 所示梯形图编译成指令后，通过 FX-20P 编程器将指令输入 PLC 的存储器中。

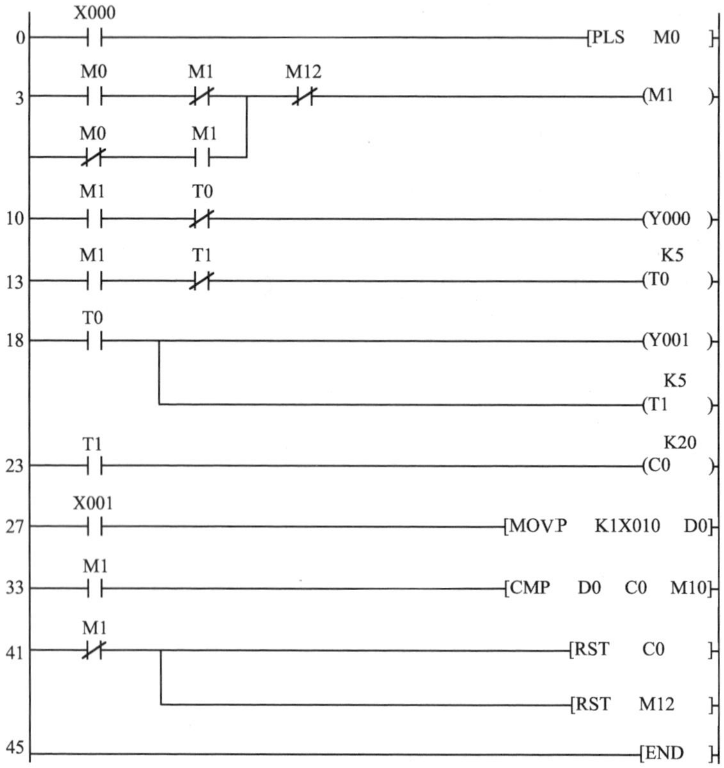

图 2-11　任务 2 梯形图

任务分析

要完成本任务,必须掌握编程器的以下操作:

(1)联机操作和脱机操作。

(2)写指令操作。

(3)指令的修改操作。

(4)元件的寻找操作。

(5)元件的监视操作。

(6)元件的强制操作。

相关知识

1. FX-20P 编程器

编程器是 PLC 的最重要外部设备,它一方面可对 PLC 进行编程,另一方面又能对 PLC 的工作状态进行监控。FX 系列 PLC 的编程器分为 FX-10P 和 FX-20P 编程器两种。

FX-20P 编程器由液晶显示屏、插件接口、键盘等组成,其操作面板如图 2-12 所示。

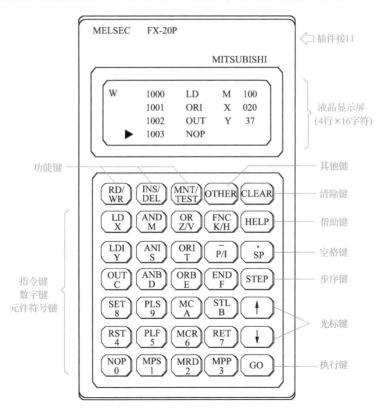

图 2-12　FX-20P 编程器的操作面板

(1)液晶显示屏

FX-20P 编程器的液晶显示屏只能同时显示 4 行,每行 16 个字符。在编程操作时,液晶显示屏显示的内容如图 2-13 所示。

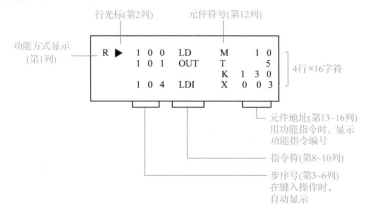

图 2-13　液晶显示屏显示的内容

(2)键盘

键盘由 35 个按键组成,包括功能键、指令键、数字键、元件符号键等。分别说明如下:

①功能键

RD/WR:读/写键;

INS/DEL:插入/删除键;

MNT/TEST:监视/测试键。

②执行键

GO:用于各种指令结束后的确认。

③其他键

OTHER:在任何状态下按此键,将显示 PLC 的操作菜单。

④清除键

CLEAR:用于清除液晶显示屏上出现的提示信息,或撤销没有按执行键的指令。

⑤帮助键

HELP:显示功能指令一览表,或是在监视方式下,进行十进制数和十六进制数的转换。

⑥空格键

SP:输入指令时,用此键指定元件号和常数。

⑦步序键

STEP:设定步序号。

⑧光标键

↑、↓:移动光标和提示符,做行滚动。

⑨指令键、数字键和元件符号键

这些键都是复用键,每个键的上面是指令符号,下面是数字或者元件符号。上、下的功能根据当前所执行的操作自动进行切换,其中下面的元件符号 Z/V、K/H、P/I 也是交替使用的,反复按键时,自动切换。

2. 编程操作的准备

(1)如何设置联机操作

①将 PLC 上电，此时 PLC 主机 POWER 灯亮；将 PLC 的方式选择开关置于"STOP"位置，此时，PLC 处于编程状态。

②编程器与 PLC 主机同时上电，此时液晶显示屏上显示如图 2-14 所示内容。其中，"ONLINE"表示联机操作；"OFFLINE"表示脱机操作；▌为光标，可以通过编程器上的光标键上下移动。

```
PROGRAM     MODE
▌ONLINE     (PC)
 OFFLINE    (HPP)
```

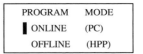

图 2-14 液晶显示屏的初始画面

③当光标▌在"ONLINE"前时，按"GO"键，表示编程选择联机操作，即用户程序被输入进 PLC 主机的存储器。当 PLC 的方式选择开关置于"RUN"位置时，PLC 可以运行该程序。

(2)如何设置脱机操作

①将图 2-14 中的光标▌移到"OFFLINE"前，按"GO"键，即表示编程选择脱机操作。

②脱机操作的程序保存在编程器中，该程序不能被 PLC 执行。要执行该程序，必须将程序从编程器传送到 PLC 中。

(3)如何转换联机操作和脱机操作

①联机操作转换到脱机操作

PLC 在联机操作方式下，按"OTHER"键，液晶显示屏显示如图 2-15 所示内容。将光标▌移动到"OFFLINE"前，按"GO"键，即转换到脱机操作方式。

②脱机操作转换到联机操作

PLC 在脱机操作方式下，按"OTHER"键，液晶显示屏显示如图 2-16 所示内容。将光标▌移动到"ONLINE"前，按"GO"键，即转换到联机操作方式。

```
ONLINE      MODE      FX
▌ 1. OFFLINE    MODE
  2. PROGRAM   CHECK
  3. DATA     TRANSFER
  4. PARAMETER
  5. XYIM..NO.CONV.
  6. BUZZER   LEVEL
  7. LATCH    CLEAR
```

图 2-15 联机操作画面

```
OFFLINE     MODE      FX
▌ 1. ONLINE     MODE
  2. PROGRAM   CHECK
  3. HPP ←→ FX
  4. PARAMETER
  5. XYIM.. NO. CONV.
  6. BUZZER   LEVEL
  7. MODULE
```

图 2-16 脱机操作画面

(4)如何将程序从编程器传送到 PLC 中

①编程器进入脱机操作方式，按"OTHER"键，显示如图 2-16 所示内容。

②将光标▌移动到"HPP↔FX"前，按"GO"键，显示如图 2-17 所示内容。

③将光标▌移动到"HPP→FX-RAM"前，按"GO"键，即选择将编程器中的程序传送给

PLC。此时,液晶显示屏显示如图 2-18 所示内容。

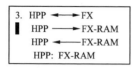

图 2-17　传送画面

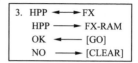

图 2-18　确认画面

④按"GO"键表示确认。编程器显示如图 2-19 所示内容。再稍等候一段时间,当液晶
显示屏显示如图 2-20 所示内容时,表示程序传送完毕。

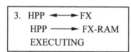

图 2-19　传送进行画面

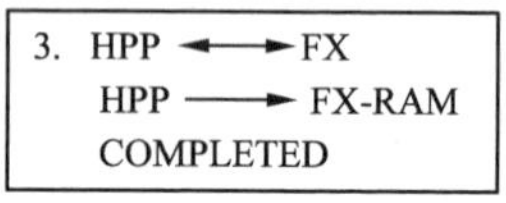

图 2-20　传送完毕画面

3. 程序编辑操作

将 PLC 方式选择开关置于"STOP"位置,不能置于"RUN"位置,编程器选择联机操作
方式,进入编辑画面。

(1)指令输入的操作

按"RD/WR"键,使液晶显示屏上出现写功能"W",此时可进行输入指令操作。

①清屏操作

将 PLC 存储器里的指令全部清除,使每个寄存器里的指令都变成 NOP(空)。操作为

W:NOP→A→GO→GO

②基本指令输入

将光标▶对准程序步 0,开始输入第一条指令。

基本指令输入有三种情况:

● 仅有指令助记符,不带元件,如指令 ANB、ORB、MPS、MRD、MPP 等。例如,要输入
指令 ORB 的操作为

W:ORB→GO

● 有指令助记符和一个元件,如指令 LD X000、OUT Y000 等。例如,要输入指令 LD
X000 的操作为

W:LD→ X→0 →GO

图 2-21　定时器线圈指令

● 有指令助记符,一个元件还带常数和变量,如输出定时
器 T、计数器 C 的线圈指令。例如,图 2-21 中,定时器 T0 的线
圈指令"OUT T0 K10",其输入操作为

W:OUT→T0→SP→K→10→GO

如果将定时器 T0 定时时间改为变量 D0,输入指令"OUT T0 D0"的操作为

W:OUT→T0→SP→D→0→GO

③功能指令输入

输入功能指令时,按"FNC"键后再输入功能指令号,按"SP"键,输入元件或常数,输完后,按"GO"键结束。

例如,要输入图 2-22、图 2-23 中 16 位的功能指令(MOV 的功能号为 12),操作分别为

W:FNC12→SP→K5→SP→D1→GO

W:FNC12→P→SP→K0→SP→K4Y000→GO

图 2-22 16 位连续执行的传送指令    图 2-23 16 位脉冲执行的传送指令

例如,要输入图 2-24、图 2-25 中 32 位的功能指令,在键入功能号后,按"D""P"键,操作分别为

W:FNC12→D→SP→K5→SP→D1→GO

W:FNC12→D→P→SP→K0→SP→K4Y000→GO

图 2-24 32 位连续执行的传送指令 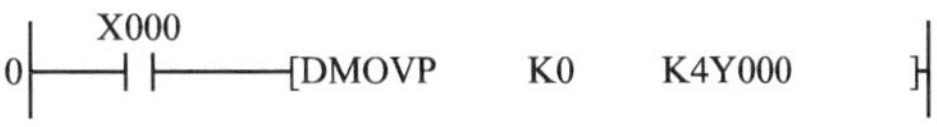   图 2-25 32 位脉冲执行的传送指令

④指针的输入

在程序中指针 P、中断指针 I 作为标号使用时,其输入方法和输入指令相同,即按"P"或"I"键后,再键入标号,最后按"GO"键确认。

例如,要输入图 2-26 中指针 P0 的指令,操作为

W:P0→GO

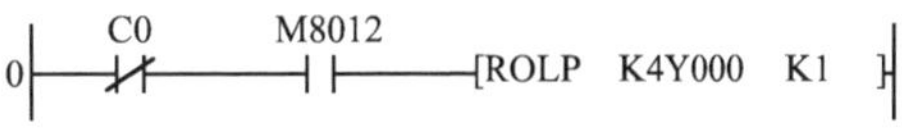

图 2-26 指针 P0 的指令

⑤改写指令

如果要改写指令,首先将光标▶对准要改写的指令,然后将正确的指令输入,按"GO"键确认。

⑥移动光标

在写的状态下移动光标▶到指定的程序步。例如,要将光标▶从当前位置移动到程序步 100,操作为

W:STEP→100→GO

(2)寻找元件的操作

按"RD/WR"键,使液晶显示屏上出现读功能"R",此时可进行寻找元件的操作。

①寻找指令

例如,要在一个程序中寻找一条指令"OUT T0"。操作为

R:OUT T0→GO

此时,PLC 在程序中寻找"OUT T0"指令。当找到"OUT T0"指令时,光标▶停留在"OUT T0"指令前面。再按"GO"键,PLC 从目前位置继续向下寻找"OUT T0"指令。如果程序中还有"OUT T0"指令出现,则光标▶停留在第二个"OUT T0"指令出现的位置前面;

如果没有,液晶显示屏上则显示"NOT FOUND",表示程序中"OUT T0"指令再没有出现,按"CLEAR"键,清除"NOT FOUND"显示。

②寻找元件

在程序中寻找一个元件的操作,无论该元件以何种指令形式出现在程序中,都可在读指令的功能下进行检索。例如,要在一个程序中寻找一个元件 T10,操作为

R:SP→T10→GO

此时,PLC 在程序中寻找 T10 元件。当找到 T10 元件时,光标▶停留在 T10 元件前面。再按"GO"键,PLC 从目前位置继续向下寻找 T10 元件。如果程序中还有 T10 元件出现,则光标▶停留在第二个出现 T10 元件的位置前面;如果没有,液晶显示屏上则显示"NOT FOUND",表示程序中 T10 元件再没有出现,按"CLEAR"键,清除"NOT FOUND"显示。

③移动光标

在读的状态下移动光标▶到指定的程序步。例如,要将光标▶从目前位置移动到程序步 100,操作为

R:STEP→100→GO

(3)指令修改的操作

①插入指令

按"INS/DEL"键,使液晶显示屏上出现插入功能"I",此时可进行插入指令操作。

移动光标▶,将光标▶对准要插入位置的下一条指令,然后输入所要插入的指令,按"GO"键即可。此时,所插入的指令在光标▶对准的指令上面。

②删除指令

按"INS/DEL"键,使液晶显示屏上出现删除功能"D",此时可进行删除指令操作。

● 指令的逐条删除

在删除指令的状态下移动光标▶,将光标▶对准要删除的指令,然后按"GO"键即可。不停地按"GO"键,则不断地删除下一条指令,但每次只能删除一条指令。

● 指令的连续删除

在删除指令的状态下,按下述操作可删除连续区域的指令:

D:STEP→起始步序号→SP→STEP→终止步序号→GO

例如,要删除程序步 0 到程序步 20 之间的指令,操作为

D:STEP→0→SP→STEP→20→GO

(4)程序监视

监视功能 M 是通过编程器的液晶显示屏监视用户程序中元件的导通,以及 T、C 元件当前值的变化。

①元件监视

元件监视指监视指定元件的 ON/OFF 状态、设定值及当前值。元件监视的操作为按"MNT/TEST"键,使液晶显示屏上出现监视功能"M",按"SP"键,输入要监视的元件符号及元件号,按"GO"键。

例如，要监视元件 Y000～Y007 的 ON/OFF 状态，监视“M”→“SP”→“Y000”→“GO”，液晶显示屏出现“Y000”，按向下的光标键↓，液晶显示屏依次出现“Y001”～“Y007”。如果元件前面出现▮，表示该元件处于 ON 状态；如果元件前面没出现▮，表示该元件处于 OFF 状态。如图 2-27 所示。

②元件导通检查

元件导通检查指监视程序中元件的触点及线圈的 ON/OFF 状态。元件导通检查的操作为按“MNT/TEST”键，使液晶显示屏上出现监视功能“M”，则程序中所有指令处于监视状态。指令中出现▮，表示该元件处于 ON 状态；指令中没出现▮，表示该元件处于 OFF 状态。

例如，OUT ▮Y000，表示 Y000 线圈处于 ON 状态，如图 2-28 所示。

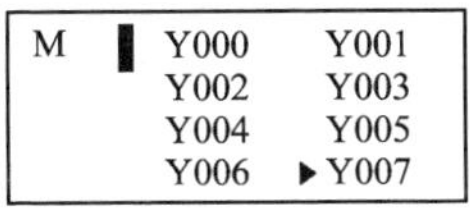

M ▮ Y000 Y001
Y002 Y003
Y004 Y005
Y006 ▸Y007

图 2-27 元件监视画面

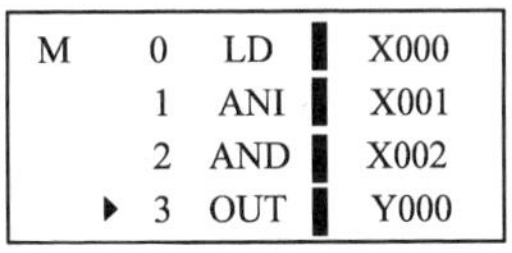

M 0 LD ▮ X000
1 ANI ▮ X001
2 AND ▮ X002
▸ 3 OUT ▮ Y000

图 2-28 元件导通检查画面

(5)元件测试

元件测试指编程器对用户程序中位元件的触点和线圈进行强制置位或复位，以及对元件 T、C 的参数进行修改。

①强制元件 ON/OFF

强制元件 ON/OFF 指先对元件进行监视操作，然后对元件进行测试操作。此操作在 STOP 和 RUN 状态下都可以进行。

例如，要对元件 Y003 进行强制 ON/OFF，先对元件进行监视，按“MNT/TEST”键，监视“M”→“SP”→“Y003”→“GO”，然后对元件进行测试，再按“MNT/TEST”键，测试“T”→“SET”强制 Y003 ON(“RST”强制 Y003 OFF)。

②修改 T、C、D、Z、V 的参数

先按“MNT/TEST”键，液晶显示屏出现监视功能“M”，对元件进行监视操作，然后再按“MNT/TEST”键，液晶显示屏出现测试功能“T”，此时可对元件 T、C、D、Z、V 的参数进行修改。此操作在 PLC 的 STOP 和 RUN 状态下都可进行。

例如，要修改元件 T0 的设定值，先对元件进行监视，按“MNT/TEST”键，监视“M”→“SP”→“T0”→“GO”，然后再按“MNT/TEST”键，测试“T”→“SP”→“K”(或“H”)→输入 T0 新的当前值→“GO”，再按“SP”键，当提示符出现在设定值的位置时，则可修改 T0 的设定值，如图 2-29 所示。

M ▸ T 0 K0
PR K10
T ▸ T 0 K0
PR K20

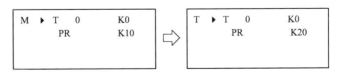

图 2-29 修改 T0 设定值画面

（6）清除

"CLEAR"键用于清除液晶显示屏上出现的提示语句，或撤销没有按"GO"键前的各种操作。

任务实施

将图 2-11 中的梯形图编译成指令，输入 PLC 中并运行程序，检测其正确性，同时进行以下操作：

（1）寻找元件 T0，并记录其出现的次数。

（2）监视元件 T0、T1、C0 的当前值。

（3）强制元件 Y005 ON/OFF。

任务3　GX Developer 编程软件的使用

任务引入

PLC 的程序输入可以通过手持编程器、专用编程器或计算机完成。手持编程器体积小，携带方便，在现场调试时更显其优越性，但在程序输入或阅读、分析时，就比较烦琐。专用编程器功能强，可视化程度高，使用也很方便，但其价格高，通用性差。近年来，计算机技术发展迅速，利用计算机进行 PLC 的编程、通信更具优势，并且计算机除可进行 PLC 的编程外，还可作为一般计算机使用，兼容性好，利用率高。因此，采用计算机进行 PLC 的编程已成为一种趋势，几乎所有生产 PLC 的企业，都研发了 PLC 的编程软件和专用通信模块。

GX Developer 编程软件是三菱公司研制的 PLC 编程软件。学会该软件的使用，将会使我们对程序的监视更直观，分析程序的运行更容易。

本任务所要达到的目的：将如图 2-11 所示的梯形图通过编程软件下载到 PLC 中，并监视程序的运行。

任务分析

要完成本任务，必须掌握编程软件的以下操作：

（1）创建一个新文件。

（2）画梯形图。

（3）程序的上传和下载。

（4）程序的运行监控。

相关知识

1. PLC 的硬件要求

在 PLC 基本单元上安装通信模块 FX$_{2N}$-232-BD，并使用 RS-232C 通信线将 PLC 基本单元与计算机连接,进行数据传输。

2. 建立一个新文件

双击桌面上 GX Developer 编程软件的小图标 ,即可进入编程环境,出现初始启动界面,单击初始启动界面菜单栏中"工程"菜单项并在弹出的菜单条中选取"新建",即出现如图 2-30 所示对话框。选择好 PLC 类型,单击"确定"按钮后,即出现程序编辑主界面,如图 2-31 所示。

图 2-30 "创建新工程"对话框

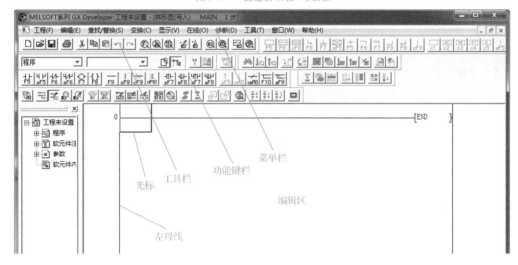

图 2-31 程序编辑主界面

3. 主界面分区

主界面含以下几个分区:菜单栏(包括 10 个菜单项)、工具栏(快捷操作窗口)、编辑区、状态栏、功能键栏和功能图栏等。

（1）菜单栏

菜单栏是以下拉菜单形式进行操作的,菜单栏中包含"工程""编辑""工具""查找/替换""变换""显示""在线""诊断"等菜单项。用鼠标单击某项菜单项,弹出该菜单项的菜单条。例如,"工程"菜单条包含"新建""打开""保存""另存为""打印""页面设置"等;"编辑"菜单条包含"剪切""复制""粘贴""行插入""行删除""读入模式""写入模式"等。"工程"和"编辑"菜单项的主要功能是管理、编辑程序文件。菜单栏中的其他菜单项,如"变换"菜单项功能涉及编程方式的变换;"在线"菜单项主要进行程序的下载、上传、程序的调试及监控等操作。

（2）工具栏

工具栏提供简便的鼠标操作,将最常用的编程操作以按钮形式设定到工具栏上。可以在"显示"菜单条中选择"工具条",对操作按钮进行设定。

（3）编辑区

编辑区用来显示编程操作的工作对象,可以使用梯形图、指令表等方式进行程序的编辑工作。使用"工程"菜单条中的"创建新工程",可以实现梯形图程序与 SFC 程序的转换。

（4）状态栏、功能键栏和功能图栏

编辑区下部是状态栏,用于表示编程 PLC 类型、软件的应用状态及所处的程序步数等;状态栏下为功能键栏,其与编辑区中的功能图栏都含有各种梯形图符号,相当于梯形图绘制的图形符号库。

4. 程序编辑操作

（1）画梯形图

打开"工程"菜单条中的"新建",编辑区左边可以见到一条竖直的线,这就是梯形图的左母线。蓝色的方框为光标。梯形图的绘制过程是取用图形符号库中的符号"拼绘"梯形图的过程。例如,要输入一个常开触点,可单击功能图栏中的"常开触点",也可以在"编辑"菜单条中选"梯形图标记"中的"常开触点",这时出现如图 2-32 所示对话框,在对话框中输入触点的地址及其他有关参数后,单击"确定"按钮,要输入的常开触点及其地址就出现在光标所在的位置。

如需输入功能指令时,在"编辑"菜单条中选"梯形图标记"中的"应用指令",即可弹出如图 2-33 所示对话框,然后在对话框中填入功能指令的助记符及操作数,单击"确定"按钮即可。例如,输入"MOV K100 D0"指令,步骤为"MOV"→空格→"K100"→空格→"D0"→"确定"。

注意:①功能指令的输入格式一定要符合要求,如助记符与操作数之间要留空格,指令的脉冲执行方式中加的"P"与指令之间不留空格,32 位指令需在指令助记符前加"D"且不留空格。梯形图符号间的连线可通过在"编辑"菜单条中选"划线写入"完成。

②不论绘制什么图形,先要将光标移到需要绘制这些符号的地方。梯形图符号的删除

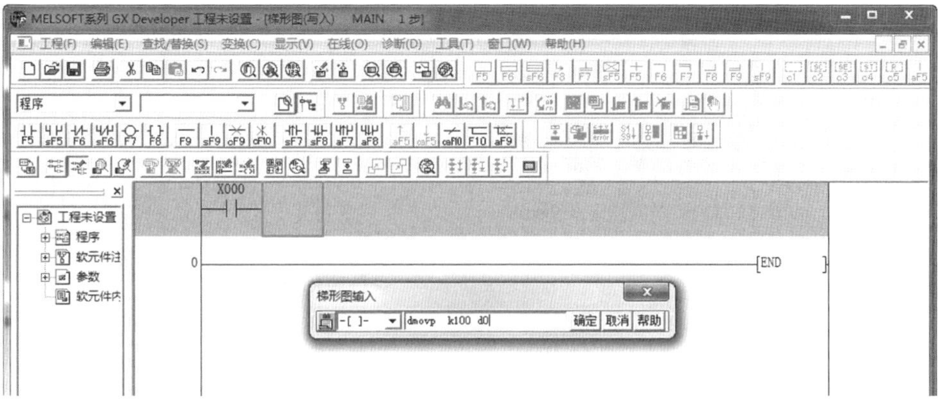

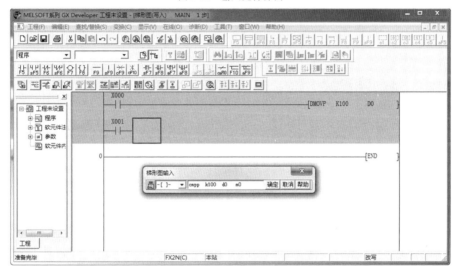

图 2-32 输入元件界面

图 2-33 输入功能指令界面

可利用计算机的删除键,梯形图竖线的删除可利用"编辑"菜单条中的"划线删除"。梯形图元件及电路块的剪切、复制和粘贴等方法与其他编辑类软件操作相似。

③当绘出的梯形图需保存时,要先单击"变换"菜单项,变换成功后才能保存。梯形图若未经变换就单击"保存"按钮即关闭编辑软件,编绘的梯形图将丢失。

(2)程序检查

程序编制完成后可以利用"工具"菜单条中的"程序检查"功能,对程序做语法、双线圈及电路错误的检查。如有问题,软件会提示程序存在的错误。

(3)程序的下载和上传

程序编辑完成后需下载到 PLC 中运行,这时需在"在线"菜单条中选"PLC 写入",即可将编辑完成的程序下载到 PLC 中。"在线"菜单条中的"PLC 读取"命令则用于将 PLC 中的程序读入计算机中修改。PLC 中一次只能存入一个程序。下载新程序后,旧程序即被删除。程序下载界面如图 2-34 所示。

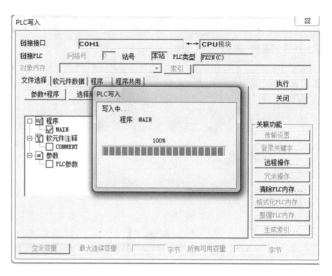

图 2-34　程序下载界面

5. 程序的调试及运行监控

程序的调试及运行监控是程序开发的重要环节,很少有程序一经编制就是完善的,只有经过试运行甚至现场运行才能发现程序中不合理的地方并且进行修改。GX Developer 编程软件具有监控功能,可用于程序的调试及监控。

(1) 程序的运行监控

程序下载后仍保持计算机与 PLC 的联机状态并启动程序运行,编辑区显示梯形图状态下,在"在线"菜单条中选择"监控"→"监视开始",即进入元件的监控状态。此时,梯形图上将显示 PLC 中各触点的状态及各数据存储单元的数值变化。如图 2-35 所示,图中有光标█显示的位元件处于接通状态,数据元件中的数据则直接标出。在监控状态时,在"在线"菜单条中选择"监控"→"监视停止",则终止监控状态,回到编辑状态。

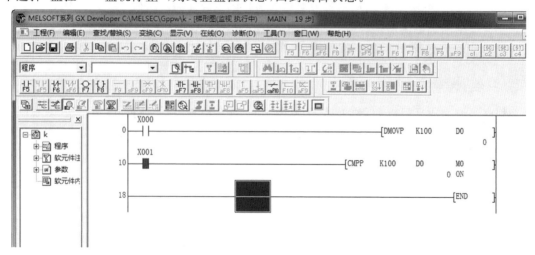

图 2-35　监视界面

（2）位元件的强制状态

在调试中可能需要 PLC 的某些位元件处于 ON 或 OFF 状态，以便观察程序的反应。这可以通过"在线"菜单条中的"软元件测试"命令实现。选择该命令时将弹出如图 2-36 所示对话框，在对话框中设置需强制的内容，单击"关闭"按钮即可。

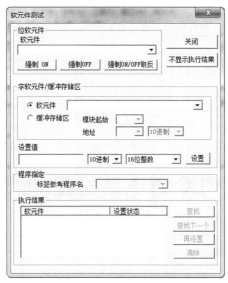

图 2-36 "软元件测试"对话框

6. PLC 程序的保存

选择"工程"菜单条中的"保存"，即可进行文件保存。

7. 重新编辑梯形图

将梯形图保存完后，如果认为不合适，需要重新编写梯形图，选择"编辑"菜单条中的"写入模式"，界面才进入编辑状态。

任务实施

将图 2-11 中的梯形图在编程软件中画出，掌握各种指令的画法，并将完成的梯形图下载到 PLC 中。检查运行程序的正确性，同时进行以下操作：

（1）监视元件 T0、T1、C0 当前值的变化。

（2）通过编程器将如图 2-11 所示程序中的"K1X010"改为"K30"，并上传到编程软件中，对梯形图进行修改，运行修改后的梯形图，比较两次运行结果有何不同。

项目 3
PLC对电动机负载的控制

任务 1 PLC 对电动机正、反转的控制

任务引入

据统计,工厂中 80% 的负载为电动机负载,而在电动机负载中,交流异步电动机又占有绝大多数,所以掌握对交流异步电动机的控制,是学习简单 PLC 编程理论联系实际的最好途径之一。电动机正、反转控制电路又是工厂中最常用的控制电路,通过对该控制电路的学习,可使大家掌握 PLC 编程最基本的知识。

任务分析

要完成本任务,必须具备以下知识:
(1) 了解输入继电器 X、输出继电器 Y 的结构和作用。
(2) 熟悉电动机正、反转的工作原理。
(3) 掌握程序自锁、互锁的设计方法。

电动机启停控制

相关知识

1. 软元件 X、Y

PLC 的编程软元件实质上是存储器单元,每个单元都有唯一的地址。为了满足不同的功能,存储器单元作了分区,因此,也就有了不同类型的编程软元件。各种软元件有其不同的功能、固定的地址,软元件数量是由系统监控程序规定的,它的多少就决定了 PLC 整个系统的规模及数据处理能力。每一种 PLC 的软元件数量都是有限的。FX$_{2N}$ 系列 PLC 部分软元件的功能如下:

（1）输入继电器 X

作用：采集或接收外部信号。

结构：常开触点，符号为─┤├─；常闭触点，符号为─┤╱├─。

公共点：COM，电位为 0 V，相当于直流电源的负极。

元件编号：按八进制编号。

信号的采集方式：PLC 的输入端子是从外部开关接收信号的窗口，它只能接收开关量信号和数字信号。当将图 3-1(a)中的按钮 SB1 按下时，输入继电器 X001 与公共点 COM 之间实现短接，则 PLC 面板上输入继电器 X001 对应的 LED 红灯亮，表示图 3-1(b)梯形图中输入继电器 X001 的常开触点闭合，常闭触点断开，则程序中辅助继电器 M0 的线圈得电。

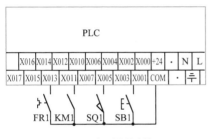

(a) PLC 与开关量连接

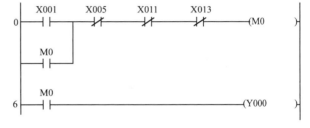

(b) 信号采集梯形图

图 3-1　PLC 采集开关量

输入继电器的常开触点和常闭触点的使用次数不限，这些触点在编程时可以自由使用。

注意：FX$_{2N}$ 系列 PLC 的输入继电器与公共点 COM 之间存在 DC 24 V 的电压，不允许在二者之间再外加电源。

输入继电器的常开、常闭触点不能通过程序来驱动其闭合、断开，只能通过外部方式使输入继电器与公共点 COM 接通来驱动输入继电器的常开、常闭触点闭合、断开。

（2）输出继电器 Y

作用：驱动外部负载。

结构：线圈，符号为─(Y001)─；常开触点，符号为─┤├─；常闭触点，符号为─┤╱├─。

公共点：

COM1——Y000～Y003。

COM2——Y004～Y007。

COM3——Y010～Y013。

COM4——Y014～Y017。

COM5——Y020～Y037。

PLC 的输出端使用多个公共点的好处：每个公共点与输出继电器组成一个独立单元，每个单元可驱动不同的负载。但当驱动的负载相同时，可将多个公共点并联，每个公共点可实现分流，避免过大的电流流过同一个公共点，烧毁该公共点。

元件编号：按八进制编号。

输出端的外加电压：交流电压＜250 V；直流电压＜30 V。

输出继电器的驱动负载能力:灯负载≤100 W/点;电阻性负载≤2 A/点;电感性负载≤80 V·A/点。

PLC 的输出端子是向外部负载输出信号的。如图 3-2 所示,图中左边是 PLC 输入信号端口,用以接收外部信号,中间是 PLC 内部的梯形图程序,右边是 PLC 的输出信号端口。当按钮 SB1 被按下时,PLC 的梯形图程序中的输入继电器 X000 常开触点闭合,使输出继电器 Y000 的线圈得电,则 PLC 面板上输出继电器 Y000 对应的 LED 红灯亮,表示输出继电器 Y000 的外部输出触点与公共点 COM1 之间接通,从而驱动外部接触器或继电器的线圈得电,达到控制外部设备的目的。

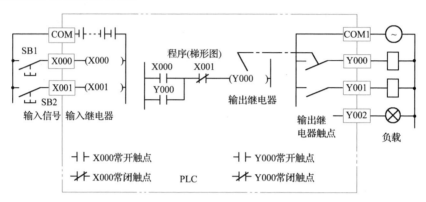

图 3-2　输入/输出继电器

输出继电器的常开、常闭触点使用次数不限,其闭合、断开由线圈驱动。

输出继电器的线圈得电有两层含义:一是使其常开、常闭触点动作,常开触点闭合,常闭触点断开;二是使其输出信号端口与对应的公共点接通。

2. 典型小程序

(1)自锁程序

①关断优先自锁程序

如图 3-3 所示,当执行关断指令,X001 有信号,无论 X000 的状态如何,输出 Y000 的线圈均为 OFF(断电)。

②启动优先自锁程序

如图 3-4 所示,当执行启动指令,X000 有信号,无论 X001 的状态如何,输出 Y000 的线圈均为 ON(得电)。

图 3-3　关断优先自锁程序梯形图　　　　　图 3-4　启动优先自锁程序梯形图

（2）互锁程序

互锁程序用于不允许同时动作的两个继电器的控制,如电动机的正、反转控制,如图 3-5 所示。

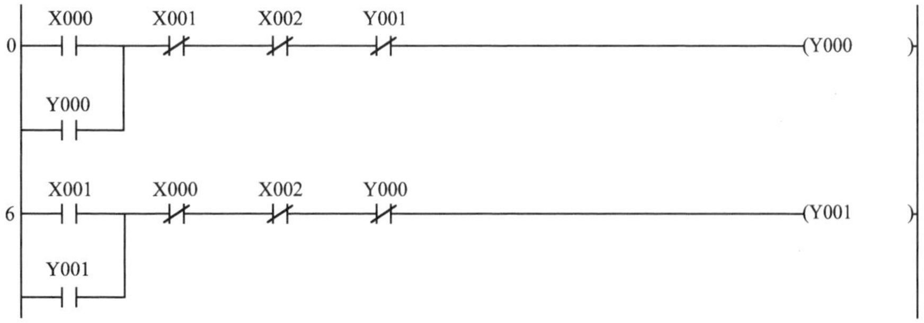

```
        X000   X001    X002    Y001
    0 ──┤├──┬──┤/├────┤/├────┤/├──────────────────(Y000)──┤
        Y000 │
      ──┤├───┘

        X001   X000    X002    Y000
    6 ──┤├──┬──┤/├────┤/├────┤/├──────────────────(Y001)──┤
        Y001 │
      ──┤├───┘
```

图 3-5　互锁程序梯形图

在图 3-5 中,按下正转启动按钮,X000 接通,使输出继电器 Y000 的线圈得电,与此同时,Y000 的常闭触点断开,断开输出继电器 Y001 支路,只要 Y000 工作,Y001 就不可能工作。反之,当按下反转启动按钮,原理一样,即在某一时刻,Y000 和 Y001 只能一个工作,另一个处于停止状态。

（3）优先级程序

优先级程序梯形图如图 3-6 所示。图 3-6 中的 X000~X002 是与三个不同的启动按钮 SB0~SB2 相连接的输入继电器,分别控制输出继电器 Y000~Y002。在任意时刻,按下 SB0~SB2 中的任一个按钮,都只能有一个与所按下的按钮相对应的输出继电器得电,之后再按下任意一个按钮都不可能有第二个输出继电器得电了。

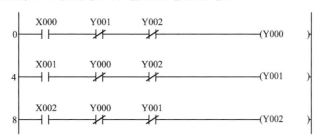

图 3-6　优先级程序梯形图

3. 程序设计步骤

在设计 PLC 的控制程序时,不要认为只是设计梯形图,梯形图只是其中最核心的部分。我们要分析题目的控制要求,知道要用到哪些输入信号、哪些输出信号。梯形图设计时要把可能出现的情况考虑完整,程序能否对外部发生的情况做出反应、PLC 与外部设备是如何连接的等,这些都要考虑到。总结程序设计的步骤如下:

（1）I/O 信号分配

将所要使用的输入继电器、输出继电器的作用、地址、连接设备列表写出来。

（2）设计梯形图

设计梯形图时要将控制设备可能发生的情况都考虑到，这样无论控制设备发生何种故障，只要程序设计时考虑到了，PLC 都能做出报警、停止等反应。

设计梯形图时，要仔细分析各元件之间的逻辑关系，不要将梯形图画得很臃肿，即在元件的触点上并联很多支路，逻辑关系很复杂。梯形图要设计得合理，条理清晰。

初步设计好的梯形图不一定就是正确的，要在 PLC 上进行调试，反复修改，直到最后合适。

（3）指令表

将设计好的梯形图转化成指令。

（4）外部接线图

外部接线图就是 PLC 如何控制设备的原理图。PLC 的外部接线图一般比较简单，因为很多控制都在梯形图中完成了。初学者往往认为 PLC 的外部接线图较难设计，多练习就能解决这个问题。

任务实施

1. 控制要求

用 PLC 控制电动机的运行，能实现正转、反转的可逆运行。

2. 任务目的

（1）掌握元件的自锁、互锁的设计方法。
（2）掌握过载保护的实现方法。
（3）掌握外部接线图的设计方法，学会实际接线。

3. 控制要求分析

具有双重互锁的电动机正、反转控制，在电气控制中，使用交流接触器接线实现，如图 3-7 所示。

使用 PLC 控制时，各元件之间的逻辑关系不再通过接线实现，而是通过画梯形图表现图 3-7 中的逻辑关系，PLC 通过指令去实现，所以称为程序逻辑。

梯形图设计不是将电气控制原理图翻译成梯形图。对于初学者来讲，可以不懂电气控制原理图，但一定要知道电气元件的控制过程和控制要求，然后根据这些去设计梯形图。

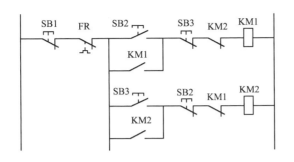

交流接触器工作原理

图 3-7　具有双重互锁的电动机正、反转控制原理图

4. 实施设备

FX₂N-64MR PLC	1 台；
电路控制板（由空气开关、交流接触器、热继电器、熔断器组成）	1 块；
0.5 kW 4 极三相异步电动机	1 台。

FX$_{2N}$-64MR PLC　　　　　　　　　　　　　　　　　　　　　　1 台；

电路控制板（由空气开关、交流接触器、热继电器、熔断器组成）　1 块；

0.5 kW 4 极三相异步电动机　　　　　　　　　　　　　　　　　　1 台。

5. 设计步骤

（1）I/O 信号分配见表 3-1。

表 3-1　　　　　　　　　　　　　　　　任务 1 I/O 信号分配

输入(I)			输出(O)		
元　件	功　能	信号地址	元　件	功　能	信号地址
SB1	电动机正转按钮	X000	KM1	控制电动机正转	Y000
SB2	电动机反转按钮	X001	KM2	控制电动机反转	Y001
SB3	电动机停止按钮	X003			
FR	过载保护按钮	X002			

（2）梯形图和指令表如图 3-8 所示。

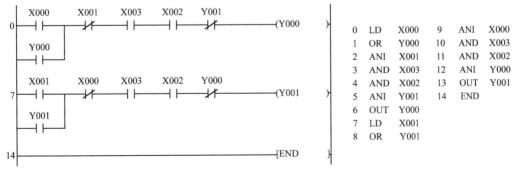

(a) 梯形图　　　　　　　　　　　　　　　　　　(b) 指令表

图 3-8　任务 1 梯形图和指令表

（3）PLC 的外部接线图如图 3-9 所示。

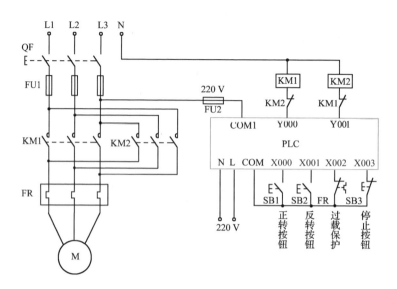

图 3-9　任务 1 PLC 的外部接线图

6. 程序讲解

（1）停止信号、过载保护信号为什么使用常闭触点控制？

停止按钮 SB3、过载保护 FR1 使用常闭触点，则使输入继电器 X003、X002 与公共点 COM 接通，梯形图中 X003、X002 的常开触点将闭合。当给正转或反转启动信号时，输出继电器 Y000 或 Y001 能正常输出。

在工业控制中，具有停止和过载保护等关系到安全保障功能的信号一般都应使用常闭触点，防止因不能及时发现断线故障失去作用。

（2）交流接触器的线圈为什么要加电气互锁？

电动机正、反转的主电路中，交流接触器 KM1 和 KM2 的主触点不能同时闭合，并且必须保证一个接触器的主触点断开以后，另一个接触器的主触点才能闭合。为了做到这一点，梯形图中输出继电器 Y000、Y001 的线圈就不能同时得电，这样在梯形图中就要加程序互锁，即在输出 Y000 线圈的一路中，加元件 Y001 的常闭触点；在输出 Y001 线圈的一路中，加元件 Y000 的常闭触点。当 Y000 的线圈带电时，Y001 的线圈因 Y000 的常闭触点断开而不能得电；同样的道理，当 Y001 的线圈带电时，Y000 的线圈因 Y001 的常闭触点断开而不能得电。

为了保证电动机能从正转直接切换到反转，梯形图中必须加类似按钮机械互锁的程序互锁，即在输出 Y000 线圈的一路中，加反转控制信号 X001 的常闭触点；在输出 Y001 线圈的一路中，加正转控制信号 X000 的常闭触点。这样能做到电动机正、反转的直接切换。

当电动机加正转控制信号时，输入继电器 X000 的常开触点闭合，常闭触点断开。常闭触点断开，反转输出 Y001 的线圈失电，交流接触器 KM2 的线圈失电，电动机停止反转。同时 Y001 的常闭触点闭合，正转输出 Y000 的线圈带电，交流接触器 KM1 的线圈得电，电动机正转。

当电动机加反转控制信号时，输入继电器 X001 的常开触点闭合，常闭触点断开。常闭触点断开,正转输出 Y000 的线圈失电,交流接触器 KM1 的线圈失电,电动机停止正转。同时 Y000 的常闭触点闭合,反转输出 Y001 的线圈带电,交流接触器 KM2 的线圈得电,电动机反转。

在 PLC 的输出电路中,KM1 的线圈和 KM2 的线圈之间必须加电气互锁。一是避免当交流接触器主触点熔焊在一起而不能断开时,造成主电路短路。二是电动机正、反转切换时,PLC 输出继电器 Y000、Y001 几乎是同时动作,容易造成一个交流接触器的主触点还没有断开,另一个交流接触器的主触点已经闭合,造成主电路短路。

(3)过载保护为什么放在 PLC 的输入端,而不放在输出控制端?

电动机的过载保护一定要加在 PLC 控制电路的输入电路中,当电动机出现过载时,热继电器的常闭触点断开,过载信号通过输入继电器 X002 被采集到 PLC,断开程序的运行,使输出继电器 Y000 或 Y001 都能失电,交流接触器 KM1 或 KM2 的线圈断电,电动机停止运行。

如果过载保护放在输出控制端,当电动机出现过载时,热继电器的常闭触点断开,只是把 PLC 输出端的电源切断,而 PLC 的程序还在运行,当热继电器冷却后,其常闭触点闭合,电动机又会重新在过载下运行。这将造成电动机的间歇运行。

7. 运行调试

(1)将指令程序输入 PLC 主机,运行调试并验证程序的正确性。

(2)按图 3-9 完成 PLC 外部接线,并检查主电路是否换相,控制电路是否加电气互锁,电源是否为 AC 220 V。

(3)确认控制系统及程序正确无误后,通电试运行。

(4)在老师的指导下,分析可能出现故障的原因。

知识拓展

分频器程序梯形图如图 3-10 所示。试根据 X000 的信号画出输出继电器 Y000、Y001 的波形。

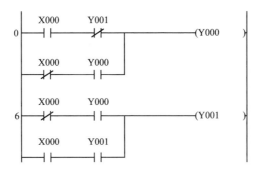

图 3-10　分频器程序梯形图

波形图是根据元件的线圈、触点的动作过程所画的波形,其中高电平表示元件线圈得电和触点闭合;低电平表示元件线圈失电和触点断开。

在如图 3-10 所示梯形图中,当输入继电器 X000 输入如图 3-11 所示的信号时,输出继电器 Y000、Y001 的输出是错开的二分频信号。

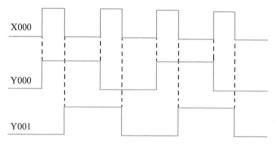

图 3-11　分频器程序波形图

任务2　PLC 对电动机点动和长动的控制

在各种机床的控制电路中,对电动机实现点动和长动的控制很普遍。掌握该程序的设计方法,在生产实际中会有广泛的用途。

要完成本任务,必须具备以下知识:
(1)了解辅助继电器 M 的结构和作用。
(2)熟悉电动机点动和长动的工作原理。
(3)了解程序设计的注意事项。

1. 辅助继电器 M

(1)辅助继电器的作用

在逻辑运算中经常需要一些辅助继电器作为辅助运算,用来存放中间状态或数据。这些元件不直接对外输入/输出,它的数量常比 X 、Y 多,可以大量使用。

辅助继电器的线圈与输出继电器一样,由程序驱动。辅助继电器的常开和常闭触点使用次数不限,在 PLC 内可以自由使用。但是,这些触点不能直接驱动外部负载,外部负载必须由输出继电器驱动。

另外,在辅助继电器中还有一类特殊辅助继电器,它有各种特殊的功能,如定时时钟、进/借位标志、启动/停止、单步运行、通信状态、出错标志等,这类元件能对编程提供许多方便,其数量的多少在某种程度上反映了 PLC 功能的强弱。

（2）辅助继电器的结构

结构：线圈，符号为—（M0　　　）—；常开触点，符号为⊣├；常闭触点，符号为⊣╱├。

元件编号：按十进制编号。除输入继电器 X/输出继电器 Y 按八进制编号外，其他所有的软元件均按十进制编号。

（3）辅助继电器的分类

①通用辅助继电器 M0～M499（500 点）

通用辅助继电器有 500 点。所谓通用即辅助继电器的线圈得电，其常开触点闭合、常闭触点断开；线圈失电，其常开触点、常闭触点又恢复到自然状态。

②停电保持辅助继电器 M500～M3071（2 572 点）

PLC 在运行中若发生停电，输出继电器和通用辅助继电器全部成为断开状态，再开始运行时，除去 PLC 运行时就接通（ON）的以外，其他仍断开。但是，有的控制对象需要保存停电前的状态，并在再运行时再现该状态的情形。停电保持辅助继电器（又名保持继电器）就是用于这种目的。停电保持由 PLC 内装的后备电池支持。

其中，M500～M1023 停电保持辅助继电器可用参数设置方法改为非停电保持用。M1024～M3071 停电保持辅助继电器的停电保持特性不可改变。

如图 3-12 所示是停电保持辅助继电器的应用。在此程序中，当 X000 接通后，M500 得电并自锁，输出继电器 Y000 得电。此时，若因停电使 PLC 失电，PLC 停止运行。再来电时，即使 X000 不接通，M500 也能保持动作，输出继电器 Y000 再得电。当 X001 的常闭触点断开，M500 就复位。

③特殊辅助继电器 M8000～M8255（256 点）

特殊辅助继电器共 256 点，它们用来表示 PLC 的某些状态，提供时钟脉冲和标志（如进位、借位标志），设定可编程序控制器的运行方式，或者用于步进顺序控制、禁止中断、设定计数器是加计数或是减计数等。

特殊辅助继电器分为触点利用型和线圈驱动型两种。

● 触点利用型特殊辅助继电器：用 PLC 的系统程序来驱动其线圈，用户在程序中可直接使用其触点。

M8000（运行监视）：当 PLC 处于 RUN 状态时，M8000 为 ON；处于 STOP 状态时，M8000 为 OFF，如图 3-13 所示。

M8002（初始化脉冲）：M8002 的线圈仅在 PLC 由 STOP 变为 RUN 状态时，闭合一个扫描周期，如图 3-13 所示，可以用 M8002 的常开触点来使有断电保持功能的元件复位和清零。

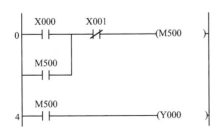

图 3-12　停电保持辅助继电器的应用

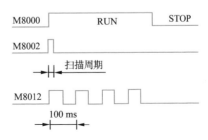

图 3-13　M8000、M8002、M8012 波形图

M8011～M8014：分别是 10 ms、100 ms、1 s 和 1 min 时钟脉冲。

M8005（锂电池电压减小）：电池电压减小至规定值时变为 ON，可以用它的触点驱动输出继电器和外部指示灯提醒工作人员更换锂电池。

● 线圈驱动型特殊辅助继电器：由用户程序驱动其线圈，使 PLC 执行特定的操作。

例如，M8030 的线圈通电后，电池电压减小，发光二极管熄灭；M8033 的线圈通电时，PLC 由 RUN 转入 STOP 状态后，映像寄存器与数据寄存器中的内容保持不变；M8034 的线圈通电时，禁止输出；M8039 的线圈通电时，可编程序控制器以 D8039 中指定的扫描时间工作。

特殊辅助继电器 M8200～M8234 用来设定 32 位加/减计数器 C200～C234 的计数方式。当特殊辅助继电器为 ON 时，对应的计数器为减计数器；反之为加计数器。

2. PLC 编程注意事项

（1）合理安排元件的顺序，则梯形图转换成指令时，可以减少一些不必要的指令。元件顺序安排不合理的梯形图和指令表如图 3-14 所示。当图 3-14 改变成如图 3-15 所示的形式后，就可以减少 ANB 和 ORB 指令，整个梯形图看上去也美观、合理。

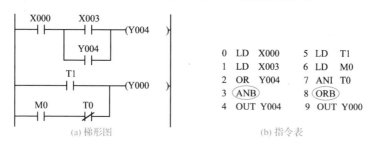

(a) 梯形图　　　　　　　　　　　　(b) 指令表

图 3-14　元件顺序安排不合理的梯形图和指令表

结论：梯形图中，并联块电路尽量往前画，单个元件尽量往后画；并联块电路中，元件数多的分支尽量放到并联块电路的上面，元件数少的分支尽量放到并联块电路的下面。

（2）线圈不能串联，如图 3-16 所示。

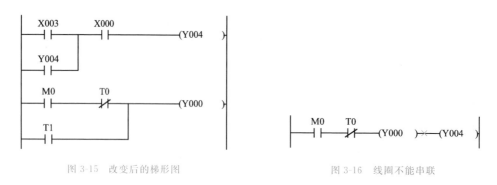

图 3-15　改变后的梯形图　　　　　　　图 3-16　线圈不能串联

（3）线圈后面不能再接其他元件的触点，如图 3-17 所示。

（4）线圈不能不经过任何触点而直接与左母线相连，如图 3-18 所示。

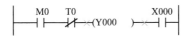

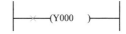

图 3-17　线圈后不能再接其他元件的触点　　　　　图 3-18　线圈不能直接与左母线相连

（5）不能使用双线圈。双线圈是指一个元件的线圈被使用两次或两次以上的现象，如图 3-19 所示。使用双线圈会使前面的线圈对外不输出，只有最后的线圈才对外输出。

（6）不要编写含义不明的梯形图，如图 3-20 所示。

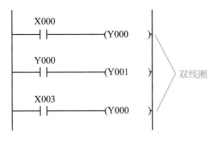

图 3-19　双线圈

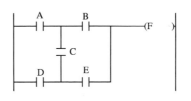

图 3-20　含义不明的梯形图

任务实施

1. 控制要求

　　某生产设备有一台电动机，除连续运行控制外，按下按钮 SB1 时，电动机实现点动，用以调整生产设备的运行；当按下按钮 SB2 时，电动机实现长动运行；按下按钮 SB3 时，电动机停止运行；电动机要有过载保护。

2. 任务目的

（1）巩固元件自锁、互锁的设计方法。
（2）学会使用辅助继电器 M。
（3）领会 PLC 外部接线图的设计方法，学会实际接线。

3. 控制要求分析

（1）点动和长动之间要能相互切换，停止按钮只控制长动运行。
（2）过载保护对点动和长动都起保护作用。

4. 实施设备

FX$_{2N}$-64MR PLC　　　　　　　　　　　　　　　　　　　　　1 台；

电路控制板（由空气开关、交流接触器、热继电器、熔断器组成）　　1块；

0.5 kW 4极三相异步电动机　　　　　　　　　　　　　　　　　　1台。

5. 设计步骤

(1)I/O信号分配见表3-2。

表 3-2　　　　　　　　　　　　　　　任务 2 I/O 信号分配

输入(I)			输出(O)		
元件	功能	信号地址	元件	功能	信号地址
SB1	电动机点动按钮	X000	KM1	控制电动机运行	Y000
SB2	电动机长动按钮	X001			
SB3	电动机停止按钮	X002			
FR	过载保护	X003			

(2)梯形图和指令表如图3-21所示。

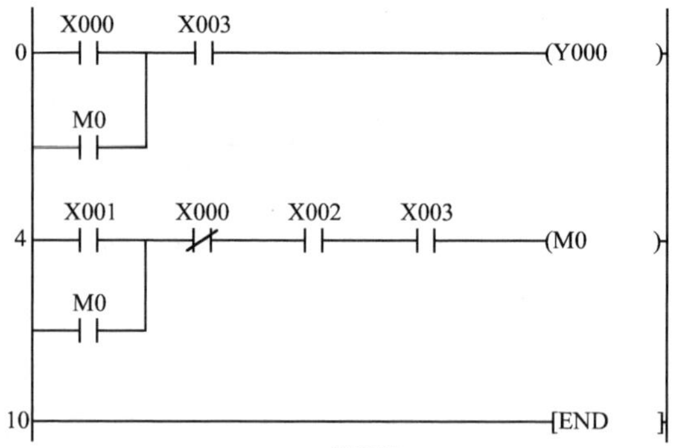

0	LD X000
1	OR M0
2	AND X003
3	OUT Y000
4	LD X001
5	OR M0
6	ANI X000
7	AND X002
8	AND X003
9	OUT M0
10	END

(a) 梯形图　　　　　　　　　　　　　　(b) 指令表

图 3-21　任务 2 梯形图和指令表

(3)PLC的外部接线图如图3-22所示。

6. 程序讲解

(1)电动机的点动和长动都使用同一个输出继电器 Y000 控制。程序设计时不要使用两个输出继电器去控制电动机点动和长动,这样虽然可行,但浪费资源。

(2)程序设计时不要将输出继电器 Y000 输出两次,即点动输出一次,长动输出一次,这样会造成双线圈输出。

(3)要学会使用辅助继电器 M。电动机长动运行时,将 M0 自锁,然后通过 M0 的常开触点去控制输出继电器 Y000 的运行,使电动机长动运行。

(4)电动机过载时,无论点动和长动,电动机都将停止运行。

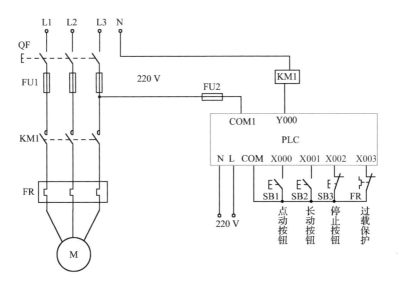

图 3-22 任务 2 PLC 的外部接线图

7. 运行调试

（1）将指令程序输入 PLC 主机，运行调试并验证程序的正确性。

（2）按图 3-22 完成 PLC 外部接线，并检查 PLC 负载电源是否为 AC 220 V。

（3）确认控制系统及程序正确无误后，通电试运行。

（4）在老师的指导下，分析可能出现故障的原因。

知识拓展

脉冲输出器程序梯形图如图 3-23 所示，其波形图如图 3-24 所示。

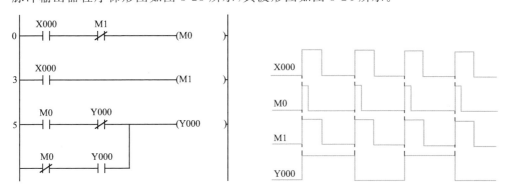

图 3-23 脉冲输出器程序梯形图   图 3-24 脉冲输出器程序波形图

在图 3-23 中，当 X000 常开触点闭合时，在 PLC 的第一个扫描周期内，各元件的动作过程如下：

X000（ON）→M0（线圈得电）→M1（线圈得电）。

由元件 M0 触点和 Y000 触点组成的并联电路中：

第一条分支：M0(常开触点闭合)→ Y000(常闭触点闭合)→第一条分支导通。

第二条分支：M0(常闭触点断开)→ Y000(常开触点断开)→第二条分支不通。

结果：Y000(线圈得电)。

在 PLC 的第二个扫描周期内,各元件的动作过程如下：

X000(继续 ON)→M1(常闭触点断开)→M0(线圈失电)→M1(线圈得电)。

由元件 M0 触点和 Y000 触点组成的并联电路中：

第一条分支：M0(常开触点断开)→ Y000(常闭触点断开)→第一条分支不通。

第二条分支：M0(常闭触点闭合)→ Y000(常开触点闭合)→第二条分支导通。

结果：Y000(线圈继续得电)。

所以,M0 的线圈得电时间是一个扫描周期,M1 的线圈得电时间与 X000 闭合时间相同,Y000 线圈得电后就不再失电,直到 X000 下一次再闭合为止。后续的分析请读者自己完成。

任务3　PLC 对电动机 Y/△ 降压启动、运行的控制

任务引入

三相异步电动机做全压启动时,启动电流很大,达到电动机额定电流的 3～7 倍。如果电动机的功率大,其启动电流会相当大,对电网会造成很大的冲击。为了减小电动机的启动电流,最常用的办法就是电动机 Y 形启动,因为电动机 Y 形运行时其电流只是△形运行时电流的 1/3,故电动机 Y 形启动可减小启动电流。但电动机 Y 形启动力矩也只有全电压启动时的 1/3,故电动机启动起来后,要马上切换到△形运行,中间的时间为 4～6 s。

任务分析

要完成本任务,必须具备以下知识：

(1)掌握定时器 T 的结构和工作原理。

(2)能画出定时器的波形。

(3)熟悉电动机 Y/△ 降压启动、运行的工作原理。

相关知识

1. 定时器(T)(字、bit)

PLC 中的定时器相当于继电器系统中的时间继电器。它有一个设定值寄存器(一个字长)、一个当前值寄存器(一个字长)和一个用来储存其输出触点状态的映像寄存器(占二进制的一位)。这三个存储单元使用同一个元件号。FX 系列 PLC 的定时器分为通用定时器和积算定时器。

常数 K 可以作为定时器的设定值,也可以用数据寄存器 D 的内容作为设定值。例如,

外部数字开关输入的数据可以存入数据寄存器,作为定时器的设定值。

(1)定时器 T 的结构

作用:在程序中起延时作用。

结构:符号为—(T0 $\overset{K50}{}$)|。

其中,K 表示十进制数;50 表示 PLC 内部时钟脉冲的扫描次数,PLC 内部有三种时钟脉冲,分别是 100 ms、10 ms、1 ms。延时时间等于对应的时钟脉冲乘以扫描次数。

定时器的动作原理:当定时器的线圈得电,定时器开始延时,当当前值等于设定值时,定时器的常开触点闭合,常闭触点断开。如果要保持常开触点闭合,常闭触点断开,定时器的线圈就不能失电。当定时器的线圈失电时,定时器当前值清零,定时器当前值与设定值相等的条件被打破,则定时器的常开触点断开,常闭触点闭合。

元件编号:按十进制编号。

(2)定时器的分类

①通用定时器(T0~T245)

T0~T199 为 100 ms 定时器,定时范围为 0.1~3 276.7 s,其中 T192~T199 为子程序和中断服务程序专用的定时器。

T200~T245 为 10 ms 定时器(共 46 点),定时范围为 0.01~327.67 s。

图 3-25 中,X000 的常开触点接通时,T200 的当前值计数器从零开始,对 10 ms 时钟脉冲进行累加计数。当当前值等于设定值 123 时,定时器的常开触点接通,常闭触点断开,即 T200 的输出触点在其线圈被驱动 1.23 s 后动作。X000 的常开触点断开后,定时器被复位,它的常开触点断开,常闭触点接通,当前值恢复为零。

通用定时器没有保持功能,在输入电路断开或停电时,当前值清零。

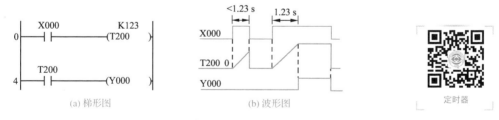

图 3-25 通用定时器

②积算定时器(T246~T255)

T246~T249 为 1 ms 积算定时器,定时范围为 0.001~32.767 s。

T250~T255 为 100 ms 积算定时器,定时范围为 0.1~3 276.7 s。

如图 3-26 所示,当 X001 的常开触点接通时,T250 的当前值计数器对 100 ms 时钟脉冲进行累加计数。X001 的常开触点断开或停电时,T250 停止计时,当前值保持不变。X001 的常开触点再次接通或复电时继续计时,累计时间(t_1+t_2)为 34.5 s 时,T250 定时器的常开触点接通,常闭触点断开。

只有当 X002 的常开触点接通时通过复位指令对 T250 复位,才能使其当前值清零。

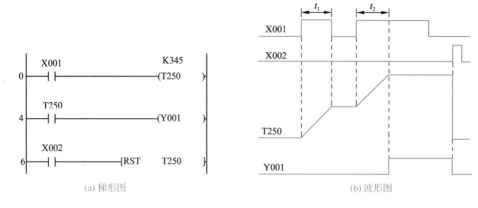

图 3-26　积算定时器

2. 定时器的简单应用

自脉冲发生器的梯形图、指令表、波形图如图 3-27 所示。

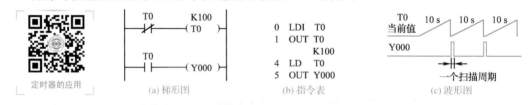

图 3-27　自脉冲发生器

如图 3-27 所示，PLC 处于 RUN 状态时，由于定时器 T0 常闭触点接通，定时器 T0 延时到 10 s 后。首先，定时器 T0 常开触点闭合，Y000 线圈得电。进入下一个扫描周期后，定时器 T0 常闭触点断开，T0 线圈失电，然后，定时器 T0 常开触点断开，Y000 线圈失电，所以 Y000 线圈得电一个扫描周期。再进入下一个扫描周期时，定时器 T0 常闭触点闭合，进入新的延时周期，重复上述过程。

方波发生器的梯形图、指令表、波形图如图 3-28 所示。

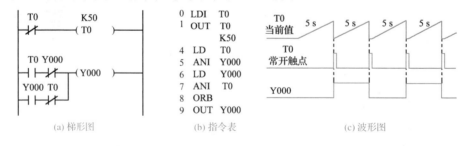

图 3-28　方波发生器

如图 3-27 所示，输出的自脉冲信号接到 Y000 上，因接通时间太短（一个扫描周期）而看不到 Y000 的闪烁。而将如图 3-27 所示程序改进成如图 3-28 所示程序后，即可将自脉冲信号变成方波信号，此时就可以看见 Y000 每隔 5 s 亮 5 s。

延时程序如图 3-29 所示。

当启动输入信号 X000 后，M0 线圈得电，通过自身的常开触点形成自锁，然后定时器

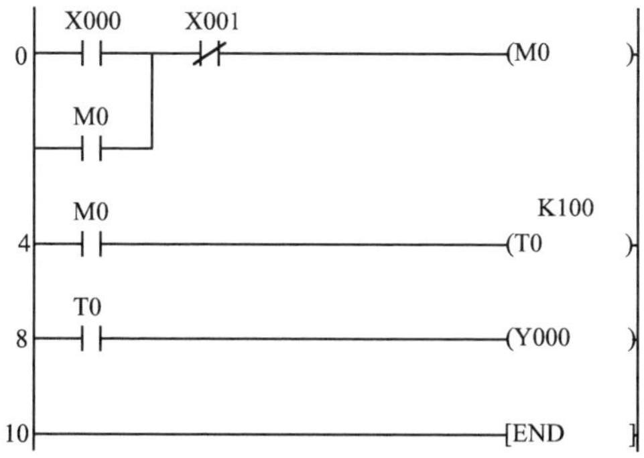

0	LD	X000
1	OR	M0
2	ANI	X001
3	OUT	M0
4	LD	M0
5	OUT	T0	K100
8	LD	T0
9	OUT	Y000
10	END	

(a) 梯形图　　　　　　　　　　(b) 指令表

图 3-29　延时程序

T0 的线圈得电,开始延时,10 s 后,定时器 T0 的当前值与设定值相等,定时器 T0 的常开触点闭合,输出继电器 Y000 得电。

任务实施

1. 控制要求

按电动机的启动按钮,电动机 M 先做 Y 形启动,6 s 后,控制电路自动切换到△形连接,电动机 M 做△形运行。

2. 任务目的

(1)熟悉三相异步电动机 Y/△降压启动、运行的原理。

(2)学会定时器的简单应用。

(3)掌握外部接线图的设计方法,学会实际接线。

3. 控制要求分析

电动机启动时,应先接成 Y 形,然后再送电,使电动机在 Y 形下启动;转换成△形运行时,应将电动机断电,待电动机重新接成△形后,再给电动机送电,让电动机在△形下运行。

4. 实施设备

FX$_{2N}$-64MR PLC	1台;
电路控制板(由空气开关、交流接触器、热继电器、熔断器组成)	1块;
0.5 kW 4 极三相异步电动机	1台。

5. 设计步骤

(1)I/O 信号分配见表 3-3。

项目 3　PLC 对电动机负载的控制

表 3-3 　　　　　　　　　　　任务 3 I/O 信号分配

输入(I)			输出(O)		
元件	功能	信号地址	元件	功能	信号地址
SB1	电动机启动按钮	X000	KM1	控制电动机电源	Y000
SB2	电动机停止按钮	X001	KM2	控制电动机△形运行	Y001
FR	过载保护	X002	KM3	控制电动机 Y 形启动	Y002

（2）梯形图和指令表如图 3-30 所示。

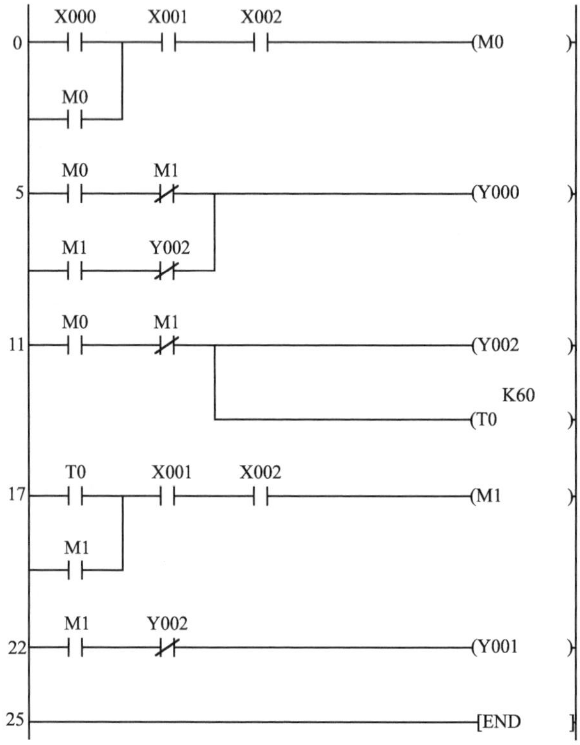

0	LD	X000	13	OUT	Y002
1	OR	M0	14	OUT	T0
2	AND	X001			K60
3	AND	X002	17	LD	T0
4	OUT	M0	18	OR	M1
5	LD	M0	19	AND	X001
6	ANI	M1	20	AND	X002
7	LD	M1	21	OUT	M1
8	ANI	Y002	22	LD	M1
9	ORB		23	ANI	Y002
10	OUT	Y000	24	OUT	Y001
11	LD	M0	25	END	
12	ANI	M1			

(a)　　　　　　　　　　　　　(b)

图 3-30　任务 3 梯形图和指令表

（3）PLC 的外部接线图如图 3-31 所示。

6. 程序讲解

对于正常运行为△形接线的电动机，在启动时，定子绕组先接成 Y 形，当电动机转速增大到接近额定转速时，将定子绕组接线方式由 Y 形改接成△形，使电动机进入全压正常运行。一般功率在 4 kW 以上的三相异步电动机均为△形接线，因此均可采用 Y/△降压启动的方法来限制启动电流。

程序运行中，KM2、KM3 不允许同时带电运行。为了保证安全、可靠，梯形图设计时，应使用程序互锁，限制 Y002、Y001 线圈不能同时得电。接线图中，在 KM2、KM3 的线圈回路中加上电气互锁，双重互锁，保证 KM2、KM3 的线圈不能同时带电，避免短路事故的发生。

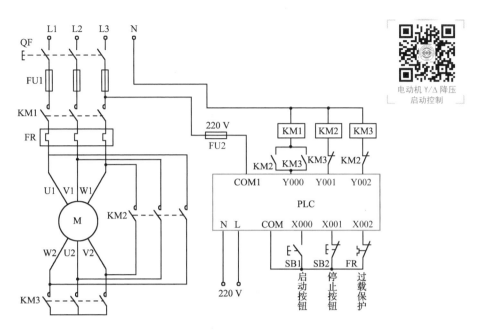

电动机 Y/△ 降压启动控制

图 3-31 任务 3 PLC 的外部接线图

Y/△降压启动中,电动机应该先接成 Y 形,然后再通电,使电动机在 Y 形下启动。△形运行时,也应该是电动机先接成△形,然后再通电,使电动机在△形下运行。故 PLC 控制接线图中,在 KM1 的线圈回路上,串联了 KM2、KM3 常开触点组成的并联电路。只有当 KM2 或 KM3 闭合后,KM1 线圈才能得电。这样就可以避免当 KM2 或 KM3 元件出故障,电动机不能接成 Y 形或△形时,KM1 线圈得电,其常开触点闭合,还给电动机送电的情况发生。

7. 运行调试

(1)将指令程序输入 PLC 主机,运行调试并验证程序的正确性。

(2)按图 3-31 完成 PLC 外部接线,并检查主电路接线是否正确,控制电路是否加电气互锁,Y001 是否控制 KM2 的线圈,Y002 是否控制 KM3 的线圈。

(3)确认控制系统及程序正确无误后,通电试运行,如有故障出现,应紧急停止。

(4)在老师的指导下,分析可能出现故障的原因。

知识拓展

1. 功能指令

(1)功能指令的表现形式

功能指令和基本指令不同。功能指令类似一个子程序,直接由助记符(功能代号)表达本条指令要做什么。FX 系列 PLC 在梯形图中使用功能框表示功能指令。如图 3-32 所示为功能指令的梯形图表现形式。图中 X000 是执行该条指令的条件,其后的方框为功能框,分别含有功能指令的名称和参数,参数可以是相关数据、地址或其他数据。这种表达方式直观明了,当 X000＝ON 时,数据寄存器 D0 的内容加上十进制数 123,然后再把结果送到数据寄存器 D2 中。

三菱 PLC 的每条功能指令都有一固定的功能代号。FX_{1S}、FX_{1N}、FX_{2N}、FX_{2NC} 的功能指令代号为 FNC00～FNC246。

例如,FNC00 代表 CJ,表示条件跳转,程序跳转到 P 指针指定处;FNC12 代表 MOV,表示数据传送,即将源操作数传送到目标操作数。

(2)功能指令的含义

使用功能指令需要注意功能框中各参数所指的含义。现以加法指令做出说明。如图 3-33 所示为加法指令(ADD)的指令格式及参数形式。

图 3-32　功能指令的梯形图表现形式　　　　图 3-33　加法指令的指令格式及参数形式

加法指令参数说明见表 3-4。

表 3-4　　　　　　　　　　　　　加法指令参数说明

指令名称	功能号/助记符	操作数		程序步长
		[S1·][S2·]	[D·]	
加法	FNC20 (D)ADD(P)	K、H、KnX、KnY、KnM、KnS、T、C、D、V、Z	KnX、KnY、KnM、KnS、T、C、D、V、Z	ADD、ADD(P):7 步 (D)ADD、(D)ADD (P):13 步

对图 3-33 中的标注说明如下:

①助记符

功能指令的助记符是该条指令的英文缩写。如加法指令英文写法为 Addition instruction,简写为 ADD。采用这种方式,便于了解指令功能,容易记忆和掌握。

功能指令中大多数涉及数据的运算和操作,而数据的表示有 16 位和 32 位之分。因此有 D 表示是 32 位数据操作,无 D 表示是 16 位数据操作,如图 3-34 所示。如图3-34(a)所示的指令为 16 位数据操作,即将十进制数 K123 传送到(D2)中;如图 3-34(b)所示的指令为 32 位数据操作,即将(D21,D20)(32 位)的内容传送到(D25,D24)中。

```
    X000                                         X001
0───┤├──────────[MOV    K123    D2 ]       0───┤├──────────[DMOV    D20    D24 ]
        (a)16位数据操作                                (b)32位数据操作
```

图 3-34　16 位/32 位数据操作实例

功能指令中若带有 P,则为脉冲执行指令,即条件 ON 一次,功能指令执行一次;若指令中没有 P 则为连续执行指令,即条件 ON 时,功能指令在程序的每个扫描周期执行一次。P

为脉冲/连续执行指令标志。

　　脉冲执行指令在数据处理中是很有用的。例如,加法指令,在条件＝ON时,脉冲指令执行,加数和被加数只做一次加法运算,而连续指令执行,加数和被加数在程序的每一个扫描周期都要相加一次。某些特别指令,如加 1 指令 FNC24(INC)、减 1 指令 FNC25(DEC)等。在用连续执行指令时应特别注意,它在程序的每个扫描周期,其结果内容均在发生变化。如图 3-35 所示分别表示连续执行型、脉冲执行型指令的加 1 连续执行、减 1 脉冲执行的特殊标注方法。

图 3-35　连续、脉冲执行型指令实例

　　②操作数

　　操作数即功能指令所涉及的参数(或称数据),分为源操作数、目标操作数及其他操作数。

　　源操作数:功能指令执行后,不改变其内容的操作数,用 S 表示。

　　目标操作数:功能指令执行后,将其内容改变的操作数,用 D 表示。

　　其他操作数:既不是源操作数,又不是目标操作数的操作数,用 m、n 表示。其他操作数往往是常数,或者是对源、目标操作数进行补充说明的有关参数。表示常数时,一般用 K 表示十进制数,H 表示十六进制数。

　　在一条指令中,源操作数、目标操作数及其他操作数都可能不止一个(也可能一个也没有),此时均可以用序列数字表示,以示区别。例如,S1,S2,…;D1,D2,…;m1,m2,…;n1,n2,…。

　　间接操作数:通过变址取得数据的操作数。表示方法是在功能指令操作数旁边加一点"·"。例如,[S1·]、[S2·]、[D1·]、[D2·]、[m1·]等。

　　操作数的种类:操作数可使用 PLC 内部的各种位元件,如 X、Y、M、S 等。也可以用这些位元件的组合元件,以 KnX、KnY、KnM、KnS 等形式表示。数据寄存器 D 或定时器 T 和计数器 C 的当前值寄存器也可以作为操作数。一般数据寄存器为 16 位,在处理 32 位数据时,可将一对数据寄存器组合。例如,将数据寄存器 D0 指定为 32 位的操作数时,则是(D1,D0)32 位数据参与操作,其中 D1 为高 16 位,D0 为低 16 位。T、C 的当前值寄存器也可以作为一般寄存器处理。需要注意的是,计数器 C200～C256 为 32 位数据寄存器,使用过程中不能当作 16 位数据进行操作。

　　③程序步长

　　程序步长即执行功能指令所需的步数。功能指令的功能号和指令助记符占一个程序步,16 位的每一个操作数占 2 个程序步,32 位的每一个操作数占 4 个程序步。因此,一般16 位指令为 7 个程序步,32 位指令为 13 个程序步。

2.　数据类软元件

　　功能指令在数据处理和运算过程中,均要用到数据寄存器、位组合元件、变址寄存器、文件寄存器等,对这些功能指令的操作数,只有很好地了解和掌握它,才能在编程使用过程中,灵活地应用它。

(1)数据寄存器(D)

数据寄存器是用于存储数值数据的,其值可通过应用指令、数据存取单元及编程装置进行读出或写入。这些寄存器都是 16 位(最高位为符号位),可处理的数值范围为 $-32\,768 \sim 32\,767$,如图 3-36 所示。

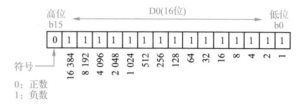

图 3-36   16 位数据寄存器

两个相邻的数据寄存器可组成 32 位数据存储器(最高位为符号位),可处理的数值范围为 $-2\,147\,483\,648 \sim 2\,147\,483\,647$,如图 3-37 所示。

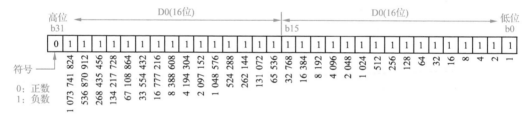

图 3-37   32 位数据寄存器

在进行 32 位操作时,只要指定低位的编号即可,如 D0。而高位则为继其之后相邻的元件 D1,自动生成。低位地址号可以是奇数或偶数,考虑到外部设备的监视功能,建议低位的编号采用偶数编号。例如,用 D0 表示(D1,D0)、D4 表示(D5,D4)32 位数据寄存器的编号。

(2)位组合元件

在 FX 系列 PLC 中,一般使用 4 位 BCD 码表示 1 位十进制数据。这样对于位元件,只能使用 4 位一个组合,表示一个十进制数。所以在功能指令中,常常用 KnX、KnY、KnM、KnS 这种位组合数据形式表示一个十进制数。Kn 表示的位数为 $4n$。例如:

K1X000 表示 X003~X000 4 个输入继电器的组合。

K2Y000 表示 Y007~Y000 8 个输出继电器的组合。

K3M0 表示 M11~M0 12 个辅助继电器的组合。

K4S0 表示 S15~S0 16 个状态元件的组合。

被组合的位元件的首元件编号可以任选,但为避免混乱,一般以 0 编号作为结尾的元件号。

3. 传送指令 MOV(FNC12)

(1)指令说明

传送指令参数说明见表 3-5。

表 3-5　　　　　　　　　　　　　传送指令参数说明

指令名称	功能号/助记符	操作数		程序步长	备　注
		[S·]	[D·]		
传送	FNC12 (D)MOV(P)	K、H、KnX、KnY、KnM、KnS、T、C、D、V、Z	KnY、KnM、KnS、T、C、D、V、Z	16 位:5 步 32 位:9 步	连续/脉冲执行

传送指令 MOV 的功能指令编号为 FNC12,16 位运算占 5 个程序步,32 位运算占 9 个程序步。

传送指令是将源数据传送到指定目标。图 3-38(a)中的 X001 为 ON 时,常数 100 自动转换为二进制数,并被传送到 D10;当 X001 断开时,指令不执行,D10 中的数据保持不变。

MOV 指令为连续执行指令,MOV(P)指令为脉冲执行指令。

对于 32 位数据的传送,需要用(D)MOV 指令,否则会出错。如图 3-38(b)所示为一个 32 位数据传送指令。当 X002＝ON 时,则(D1、D0)的值传给(D11、D10);当 X003＝ON 时,则(C235 的当前值)传给(D21、D20),C235 是 32 位计数器。

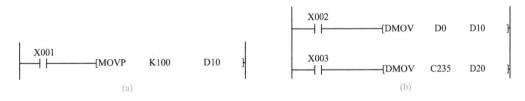

(a)　　　　　　　　　　　　　　　　　　(b)

图 3-38　传送指令的表现形式

(2)应用举例

MOV 指令在定时器、计数器中的应用实例如图 3-39 所示。如图 3-39(a)所示是将读出计数器 C0 的当前值送到 D20 中;如图 3-39(b)所示是将 K200 传送到 D12 中,K200 即表示 T20 的设定值。

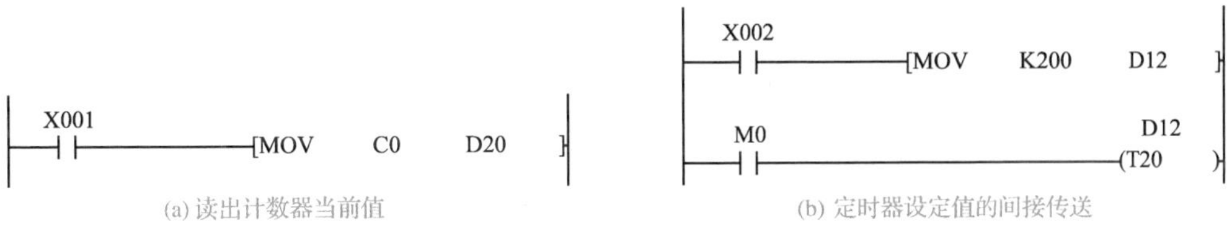

(a)读出计数器当前值　　　　　　　　　　(b) 定时器设定值的间接传送

图 3-39　传送指令的应用实例

4. 使用传送指令控制三相异步电动机的 Y/△降压启动、运行

在本节"任务实施"中对三相异步电动机的 Y/△降压启动、运行使用逻辑指令进行过编程,现在使用功能指令进行编程,可以达到相同的目的。PLC 控制的梯形图如图 3-40 所示。

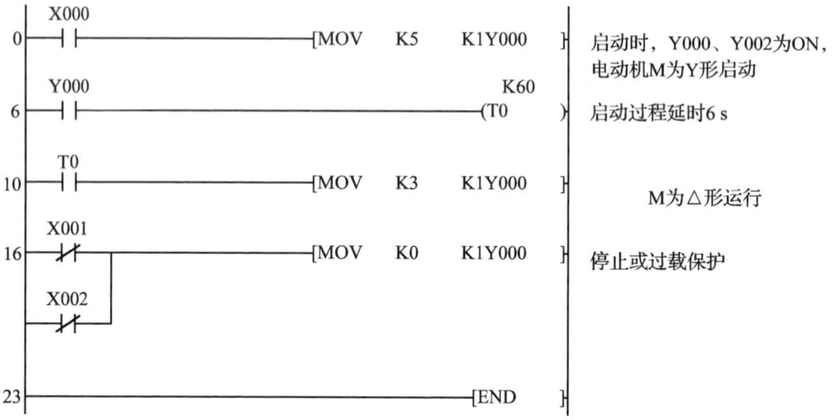

图 3-40　电动机 Y/△降压启动、运行的梯形图

将如图 3-40 所示梯形图同图 3-30 所示梯形图进行比较,你会发现同样的控制要求可以使用不同的方法编程。

按下启动按钮 X000,电动机应为 Y 形启动,Y000、Y002 应为 ON(传常数 K5);当电动机转速增大到额定转速,接通 Y000、Y001(传常数 K3),电动机△形运行,停止或过载保护,传常数 K0,则 Y003～Y000 清零。

任务4　PLC 对多台电动机的控制

任务引入

PLC 功能强大,适合对多负载进行控制。例如,三级皮带传输系统中,对三台电动机实行顺序启动、反序停止的控制;液料搅拌系统中,对混合液料进行搅拌、加热及散热的控制等。这些都涉及了多负载的控制。如何根据要求对多负载实施控制,是本节要完成的任务。

任务分析

要完成本任务,必须具备以下知识:
(1)掌握 SET、RST 指令的用法。
(2)掌握计数器 C 的结构和工作原理。
(3)能画出计数器的动作波形。
(4)能熟练使用定时器、计数器。

1. 置位指令 SET、复位指令 RST

(1)指令说明

SET:置位指令,使元件动作保持。

RST:复位指令,使元件复位或清零。

SET、RST 指令的用法如图 3-41 所示。当 X000 接通时,Y000 的线圈被驱动置位成 ON 状态,即使 X000 断开,Y000 的状态也依然保持 ON。如要使 Y000 的状态变为 OFF,则必须使 X001 接通,当 X001 一接通,复位指令 RST 立刻将元件 Y000 的状态复位,Y000 从 ON 状态变为 OFF 状态。如图 3-41(b)所示时序图表明了 SET、RST 指令的动作过程。

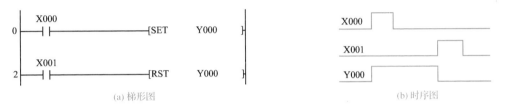

(a) 梯形图　　　　　　　　　　　　　　　　(b) 时序图

图 3-41　SET、RST 指令的用法

(2)指令格式

SET、RST 指令助记符及功能见表 3-6。

表 3-6　　　　　　　　　　　　SET、RST 指令助记符及功能

助记符/名称	功　能	电路表示和可用操作元件	程序步长
SET/置位	动作保持	⊢⊣─────[SET　Y,M,S]	Y,M:1 S,特 M:2
RST/复位	消除元件动作保持或使元件 T、C 及寄存器当前值清零	⊢⊣─────[RST　Y,M,S,D,V,Z,T,C]	Y,M:1 D,V,Z,特 D:3 T,C:2

SET、RST 指令可以多次使用,其顺序没有限制。RST 指令还可以使数据寄存器(D)、变址寄存器(V、Z)的内容清零。此外,积算定时器 T246～T255 的当前值的清零和触点的复位也可以使用 RST 指令,计数器 C 的当前值清零和触点的复位也可以使用 RST 指令。

2. 计数器(C)(字、bit)

(1)计数器 C 的结构

作用:在程序中对 PLC 内部信号 X、Y、M、S 等元件的信号计数。

结构:符号为 $\overset{K50}{-(C0\quad)}$。

其中,K 表示十进制数;50 表示计数器要计的次数为 50 次。

计数器的动作原理:当计数器的线圈得电,计数器计数一次,然后计数器的线圈失电,线圈再得电,计数器计数第二次……当计数器的当前值等于设定值时,计数器的常开触点闭合,常闭触点断开。此时即使计数器的线圈失电,计数器的当前值也不清零。只有使用复位指令 RST 对计数器线圈的当前值清零,才能使其常开触点断开,常闭触点闭合。

计数器在信号的上升沿计数,所以计数器计数与信号的持续时间长短没有关系。

元件编号:按十进制编号。

(2)计数器分类

内部计数器用来对 PLC 内部信号 X、Y、M、S 等计数,属于低速计数器。内部计数器输入信号接通或断开的持续时间应大于 PLC 的扫描周期。

①16 位加计数器

16 位加计数器的设定值为 1～32 767,其中 C0～C99 为通用型,C100～C199 为断电保持型。

如图 3-42 所示为 16 位加计数器的工作过程,图中 X010 的常开触点接通后,C0 被复位,它对应的位存储单元置 0,它的常开触点断开,常闭触点接通,同时其计数当前值被置为 0。X011 用来提供计数输入信号,当计数器的复位输入电路断开,计数输入电路由断开变为接通(计数脉冲的上升沿)时,计数器的当前值加 1。在 9 个计数脉冲之后,C0 的当前值等于设定值 9,它对应的位存储单元的内容被置 1,其常开触点接通,常闭触点断开。再来计数脉冲时当前值不变,直到复位输入电路接通,计数器的当前值被置为 0。

除了可由常数 K 来设定计数器的设定值外,还可以通过指定数据寄存器来设定,这时设定值等于指定的数据寄存器中的数。

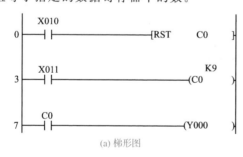
(a) 梯形图

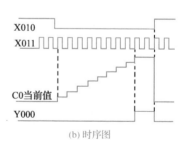
(b) 时序图

图 3-42　16 位加计数器的工作过程

②32 位加/减计数器

32 位加/减计数器的设定值为 $-2\,147\,483\,648$～$2\,147\,483\,647$,其中 C200～C219(共 20 点)为通用型,C220～C234(共 15 点)为断电保持型。

32 位加/减计数器 C200～C234 的加/减计数方式由特殊辅助继电器 M8200～M8234 设定,对应的特殊辅助继电器为 ON 时,为减计数;反之为加计数。

计数器的设定值除了可由常数 K 设定外,还可以通过指定数据寄存器来设定,32 位设定值存放在与元件号相连的两个数据寄存器中。如果指定的是 D0,则设定值存放在 D1 和

D0 中。32 位加/减计数器的设定值可正可负。图 3-43 中 C200 的设定值为 5,在加计数时,若计数器的当前值由 4 变 5,计数器的输出触点为 ON,当前值≥5 时,输出触点仍为 ON;若计数值的当前值由 5 变 4,计数器的输出触点为 OFF,当前值≤4 时,输出触点仍为 OFF。

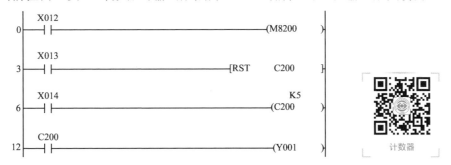

图 3-43　32 位加/减计数器

复位输入 X013 的常开触点接通时,C200 被复位,其常开触点断开,常闭触点接通,当前值被置为 0。如果使用断电保持计数器,在电源中断时,计数器停止计数,并保持计数当前值不变,电源再次接通后在当前值的基础上继续计数,因此断电保持计数器可累计计数。

3. 定时器、计数器的应用

如图 3-27 所示的延时程序,定时器延时时间短,延时时间在定时器的延时范围内,如果要求延时时间超过定时器的延时范围(一个定时器延时的最长时间为 3 276.7 s),此时可以使用定时器加计数器的方式进行计时。

例如,要求 Y010 带电 2 h 后停止,其梯形图、时序图如图 3-44 所示。

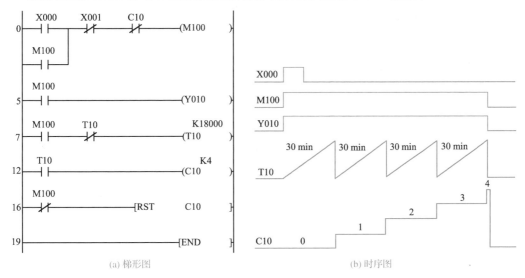

(a) 梯形图　　　　　　　　　　　(b) 时序图

图 3-44　延时程序

当启动输入信号 X000 后,M100 线圈得电,通过自身的常开触点形成自锁,M100 常开触点闭合,输出继电器 Y010 线圈得电,同时定时器 T10 计时开始,假设 PLC 经过 N 个扫描周期,T10 计时到 30 min(即 K=18 000),此时定时器 T10 的常开触点闭合,计数器 C10

的线圈得电,计数器计数一次。也就是计数器计数一次为 30 min。

当第 N 个扫描周期结束,PLC 进行第($N+1$)个扫描周期时,因为前一个扫描周期定时器 T10 的当前值与设定值相等,定时器 T10 的常闭触点断开,所以在($N+1$)个扫描周期时 T10 的线圈失电,T10 的当前值自动清零,常开触点断开,计数器 C10 的线圈失电。

当第($N+1$)个扫描周期结束后,PLC 进行第($N+2$)个扫描周期,T10 的线圈因在第($N+1$)个扫描周期中失电,所以 T10 的常闭触点在第($N+2$)个扫描周期中闭合,T10 的线圈再次得电,进行第二个 30 min 的计时,后续过程同上面分析的一样。

当 C10 计数 4 次时,程序总共运行了 2 h,C10 的常闭触点断开,M100 线圈失电,T10、Y010 的线圈失电,M100 的常闭触点闭合,C10 的线圈复位,Y010 共带电 2 h。

任务实施

1. 控制要求

(1)三级皮带传输系统如图 3-45 所示。系统使用三级皮带传输,每条皮带使用一台电动机进行控制,共用三台电动机。

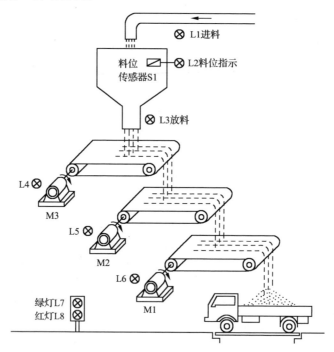

图 3-45 三级皮带传输系统

(2)启动三级皮带传输系统时,第一台电动机 M1 先启动,5 s 后,第二台电动机 M2 启动,5 s 后,第三台电动机 M3 启动。当第三条皮带运行 1 min 后,三台电动机按与启动相反的顺序间隔 5 s 依次停止,系统完成第一个周期的运行。间隔 2 min 后,系统重复上述过程,完成第二个周期的运行。如此完成 5 个周期后,系统自动停止。

(3)按停止按钮,可随时停止皮带传输系统运行。

(4)系统运行时,如果有一台电动机过载,系统自动停止。

(5)如果要调整皮带上的物料,可单独运行控制该皮带的电动机。

(6)皮带调整运行与整个系统传输运行不能同时进行。

2. 任务目的

(1)熟练掌握定时器、计数器的应用。

(2)尝试掌握复杂程序的编写方法。

3. 控制要求分析

三级皮带传输系统的核心其实是三台电动机的顺序启动、反序停止,循环 5 次的控制程序。皮带单独调整是电动机点动控制程序。

程序设计时,要解决的主要问题是程序的循环、循环次数、系统运行与皮带单独调整的互锁等问题。

4. 实施设备

FX$_{2N}$-64MR PLC	1 台;
电路控制板(由空气开关、交流接触器、热继电器、熔断器组成)	1 块;
0.5 kW 4 极三相异步电动机	1 台。

5. 设计步骤

(1)I/O 信号分配见表 3-7。

表 3-7 　　　　　　　　　　　　　　任务 4 I/O 信号分配

输入(I)			输出(O)		
元件	功能	信号地址	元件	功能	信号地址
SB1	电动机启动按钮	X000	KM1	控制电动机 M1 运行	Y000
SB2	电动机停止按钮	X001	KM2	控制电动机 M2 运行	Y001
FR1	电动机 M1 过载保护	X002	KM3	控制电动机 M3 运行	Y002
FR2	电动机 M2 过载保护	X003			
FR3	电动机 M3 过载保护	X004			
SB3	电动机 M1 调整按钮	X005			
SB4	电动机 M2 调整按钮	X006			
SB5	电动机 M3 调整按钮	X007			

(2)梯形图和指令表如图 3-46 所示。

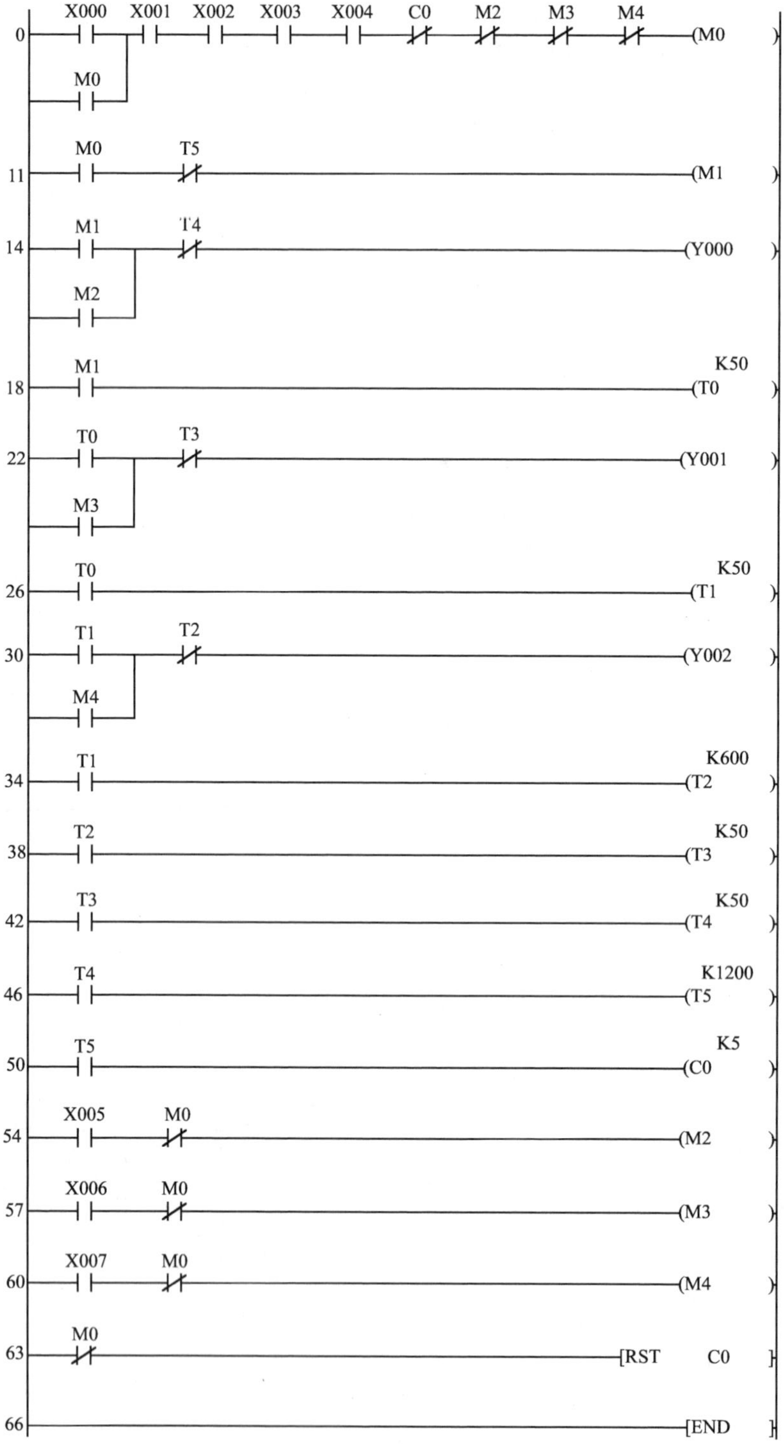

PLC 综合应用技术

(Ladder diagram - 梯形图)

```
0    X000 X001 X002 X003 X004  C0   M2   M3   M4         (M0 )
     ├─┤ ├─┤ ├─┤ ├─┤ ├─┤ ├─┤ ┤/├ ┤/├ ┤/├ ┤/├
     M0
     ├─┤

11   M0        T5                                        (M1 )
     ├─┤       ┤/├

14   M1        T4                                        (Y000)
     ├─┤       ┤/├
     M2
     ├─┤

18   M1                                              K50
     ├─┤                                                 (T0 )

22   T0        T3                                        (Y001)
     ├─┤       ┤/├
     M3
     ├─┤

26   T0                                              K50
     ├─┤                                                 (T1 )

30   T1        T2                                        (Y002)
     ├─┤       ┤/├
     M4
     ├─┤

34   T1                                              K600
     ├─┤                                                 (T2 )

38   T2                                              K50
     ├─┤                                                 (T3 )

42   T3                                              K50
     ├─┤                                                 (T4 )

46   T4                                              K1200
     ├─┤                                                 (T5 )

50   T5                                              K5
     ├─┤                                                 (C0 )

54   X005      M0                                        (M2 )
     ├─┤       ┤/├

57   X006      M0                                        (M3 )
     ├─┤       ┤/├

60   X007      M0                                        (M4 )
     ├─┤       ┤/├

63   M0                                          [RST   C0 ]
     ┤/├

66                                                [END]
```

(a) 梯形图

(Instruction list - 指令表)

0	LD	X000	
1	OR	M0	
2	AND	X001	
3	AND	X002	
4	AND	X003	
5	AND	X004	
6	ANI	C0	
7	ANI	M2	
8	ANI	M3	
9	ANI	M4	
10	OUT	M0	
11	LD	M0	
12	ANI	T5	
13	OUT	M1	
14	LD	M1	
15	OR	M2	
16	ANI	T4	
17	OUT	Y000	
18	LD	M1	
19	OUT	T0	K50
22	LD	T0	
23	OR	M3	
24	ANI	T3	
25	OUT	Y001	
26	LD	T0	
27	OUT	T1	K50
30	LD	T1	
31	OR	M4	
32	ANI	T2	
33	OUT	Y002	
34	LD	T1	
35	OUT	T2	K600
38	LD	T2	
39	OUT	T3	K50
42	LD	T3	
43	OUT	T4	K50
46	LD	T4	
47	OUT	T5	K1200
50	LD	T5	
51	OUT	C0	K5
54	LD	X005	
55	ANI	M0	
56	OUT	M2	
57	LD	X006	
58	ANI	M0	
59	OUT	M3	
60	LD	X007	
61	ANI	M0	
62	OUT	M4	
63	LDI	M0	
64	RST	C0	
66	END		

(b) 指令表

图 3-46 任务 4 梯形图和指令表

（3）PLC的外部接线图如图3-47所示。

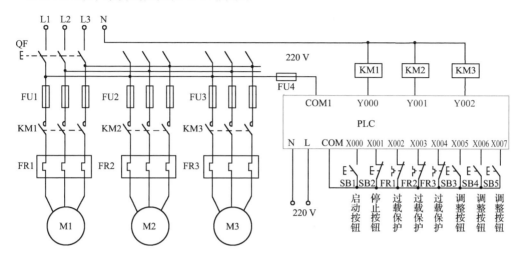

图 3-47　任务 4 PLC 的外部接线图

6. 程序讲解

（1）如图 3-46(a)所示梯形图实际由两部分组成，一部分是由 M0 控制的电动机顺序启动、循环 5 次的程序；另一部分是三台电动机调整皮带的程序。

（2）第一部分程序中，第一段程序控制 M0 的线圈，为控制三台电动机顺序启动的总开关。当有停止信号、过载信号、调整信号时，M0 线圈都失电，三台电动机顺序启动的程序不能执行。

（3）第二段程序控制 M1 的线圈。M1 在顺序启动程序中，相当于循环开关，其得电与失电由定时器 T5 的常闭触点控制。当整个顺序启动程序运行一遍结束，定时器 T5 延时时间到，其常闭触点断开，使 M1 的线圈失电，则 M1 控制的元件线圈都失电，定时器 T5 线圈也失电。进入下一个扫描周期后，T5 的常闭触点又闭合，使 M1 的线圈再次得电，程序进入下一次运行。

（4）顺序启动程序与皮带调整程序实行互锁控制。当顺序启动程序运行时，其常闭触点将 M2、M3、M4 的线圈回路断开，使其不可能得电而进行皮带调整。同样，当进行皮带调整时，M2、M3、M4 的常闭触点将 M0 的线圈回路断开，使其不可能得电而进行顺序启动。

7. 运行调试

（1）将指令程序输入 PLC 主机，运行调试并验证程序的正确性。

（2）按图 3-47 完成 PLC 外部接线，并检查主、辅电路接线是否正确。

（3）确认控制系统及程序正确无误后，通电试运行，如有故障出现，应紧急停止。

（4）在老师的指导下，分析可能出现故障的原因。

PLC 综合应用技术

1. 区间复位指令 ZRST(FNC40)

区间复位指令参数说明见表 3-8。

表 3-8　　　　　　　　　　　区间复位指令参数说明

指令名称	功能号/助记符	操作数		程序步长	备 注
		[D1·]	[D2·]		
区间复位指令	FNC40 ZRST(P)	Y、M、S、T、C、D (D1≤D2)		16位:5步	连续/脉冲执行

区间复位指令功能说明如图 3-48 所示。当 M8002 由 OFF→ON 时,区间复位指令执行。位元件 M500～M599、字元件 C235～C255、状态元件 S0～S100 成批复位。

目标操作数[D1·]和[D2·]指定的元件应为同类元件,[D1·]指定的元件号应小于或等于[D2·]指定的元件号。若[D1·]的元件号大于[D2·]的元件号,则只有[D1·]指定的元件被复位。

该指令为 16 位处理,但是可在[D1·]、[D2·]中指定 32 位计数器,不过不能混合指定,即不能在[D1·]中指定 16 位计数器,在[D2·]中指定 32 位计数器。

2. 使用传送指令清零

可以使用传送指令 MOV 对数据寄存器、位组合元件进行清零,如图 3-49 所示。

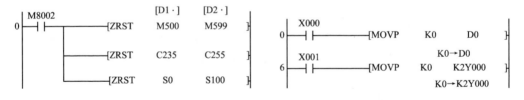

图 3-48　区间复位指令功能说明　　　　图 3-49　使用传送指令清零

当 X000 信号的上升沿到来时,将 K0 传送到数据寄存器 D0 中,即将 D0 的值清零。

当 X001 信号的上升沿到来时,将 K0 传送到位组合元件 K2Y000 中,即将 Y007～Y000 共 8 个输出继电器置 0。

(1)读懂如图 3-50 所示时钟电路的梯形图,然后画出元件 M8013、C0、C1、C2 的时序图。

(2)分析如图 3-51 所示梯形图,回答以下问题:

①若 X000 接通,则_____、_____有输出,_____、_____无输出。

②若 X000 接通,则延时 2 s 后,_____、_____有输出,_____、_____无

输出。

③若 X000 接通，则延时 4 s 后，_____、_____ 有输出，_____、_____ 无输出。

④若 X000 接通，则延时 6 s 后，_____、_____ 有输出，_____、_____ 无输出。

⑤若 X000 一直接通，分析延时 8 s、10 s、12 s 后的输出结果，并总结其规律。

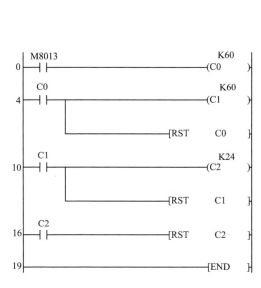

图 3-50 时钟电路的梯形图

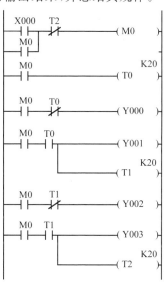

图 3-51 题(2)梯形图

（3）用一个按钮控制一只灯。试编写控制程序，要求当按钮按下 3 次时灯亮，再按下按钮 2 次时灯灭，如此重复。

（4）用 PLC 实现对机床电路的控制，要求：

①某机床电路有主轴电动机、进给电动机共两台。

②进给电动机只有在主轴电动机启动后才能启动。

③主轴电动机能实现点动和长动。

④进给电动机能实现正、反转运行。

⑤停止时，只有在进给电动机停止后，主轴电动机才能停止。

⑥程序和电路要能实现短路、过载、失压、欠压保护。

（5）有两台三相异步电动机 M1 和 M2，要求：

①M1 启动后，M2 才能启动。

②M1 停止后，M2 延时 30 s 后才能停止。

③M2 能点动调整。

画出 PLC 控制的接线图及梯形图，编写控制程序。

（6）用 PLC 实现对全自动洗衣机的控制，要求：

①按下启动按钮，洗衣机进水阀打开，洗衣机开始进水。当水位高于规定水位上限时，上限位开关动作，洗衣机进水阀关闭，洗衣机停止进水，洗涤开始。

②洗涤过程中，洗衣机正转 15 s，暂停 4 s；反转 15 s，暂停 4 s。如此循环 20 次停止。

③洗涤结束,洗衣机排水阀打开,水桶开始排水。当水位降低到规定水位下限时,下限位开关动作,洗衣机排水阀关闭,排水结束。

④洗涤排水结束后,洗衣机进水阀再次打开,洗衣机开始进水。当水位高于规定水位上限时,上限位开关动作,洗衣机进水阀关闭,洗衣机停止进水,漂洗开始。

⑤漂洗过程中,洗衣机正转 15 s,暂停 4 s;反转 15 s,暂停 4 s。如此循环 10 次停止。

⑥漂洗结束,洗衣机排水阀打开,水桶开始排水。当水位降低到规定水位下限时,下限位开关动作,洗衣机排水阀关闭,排水结束。

然后再重复④、⑤、⑥步骤一遍。

⑦漂洗结束后,洗衣机进入脱水过程,3 min 后,停止脱水,此时蜂鸣器鸣叫报警,鸣叫 1 min 后洗衣机停止工作。

⑧在任何过程,按停止按钮,都能将洗衣机停止下来。

项目 4
PLC对灯负载的控制

任务 1　PLC 对交通灯的控制(第一种方式)

在城市道路交通中,交通灯的使用非常普遍。交通灯一天 24 h 不停地运行,对其可靠性、稳定性要求非常高。用 PLC 实施对交通灯的控制,完全能满足对交通灯控制和性能的要求。如果要添加新的控制项目,PLC 也很容易实现。

实施对交通灯的控制,其控制程序有多种编写方式,最常用的编程方式是使用逻辑指令,按交通灯的变化顺序进行逻辑控制。

对交通灯实施逻辑控制要解决三个问题:一是绿灯、黄灯、红灯变化顺序的问题;二是交通灯按周期循环运行的问题;三是绿灯闪烁的问题。

要完成本任务,必须具备以下知识:

(1)编写振荡程序。

(2)编写灯交替闪烁程序。

1. 振荡程序

采用两个定时器组成一个振荡电路,其梯形图、时序图如图 4-1 所示。

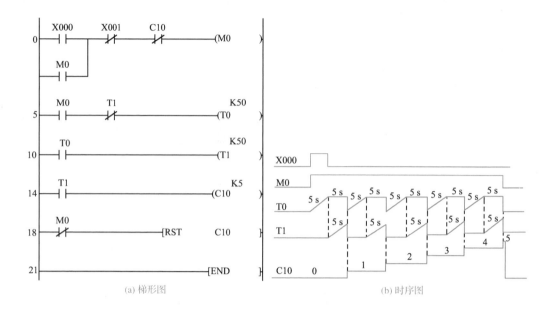

(a) 梯形图　　　　　　　　　　　(b) 时序图

图 4-1　振荡程序

从时序图中可知,程序启动,M0 的线圈得电,定时器 T0 的线圈延时到 5 s 后,其常开触点 T0 闭合,定时器 T1 的线圈得电。假设定时器 T1 的线圈延时到 5 s,程序运行了 N 个扫描周期,则在第 N 个扫描周期,C10 的线圈得电,计数一次。

第 N 个扫描周期结束后,程序运行第 $(N+1)$ 个扫描周期,因在第 N 个扫描周期中,T1 已延时到设定值,故在第 $(N+1)$ 个扫描周期中,定时器 T1 的常闭触点断开,将定时器 T0 的线圈断电,则定时器 T0 的常开触点断开,也将定时器 T1 的线圈断电,定时器 T1 的常开触点断开,计数器 C10 的线圈断电。

第 $(N+1)$ 个扫描周期结束后,程序运行第 $(N+2)$ 个扫描周期,此时定时器 T1 的常闭触点闭合,定时器 T0 的线圈第二次得电,延时开始,重复上述过程。

综上所述,在一个振荡周期内,定时器 T0 的线圈得电 10 s,失电一个扫描周期后马上得电,进入第二个振荡周期,如此循环。计数器 C10 计 T0、T1 振荡的次数,其前面的计数开关要用 T1 的常开触点,不能用 T0 的常开触点,若用 T0 的常开触点作为计数开关,则少计半个周期。

2. 灯交替闪烁程序

如图 4-2 所示是应用振荡程序来控制灯 L1、L2 交替闪烁,间隔时间 0.5 s;闪烁 5 次后两灯停;停 5 s 后,将上述过程再循环一遍,然后程序停止运行。其中 X000 是启动按钮,X001 是停止按钮,Y000 控制灯 L1,Y001 控制灯 L2。

PLC 的外部接线图如图 4-3 所示。

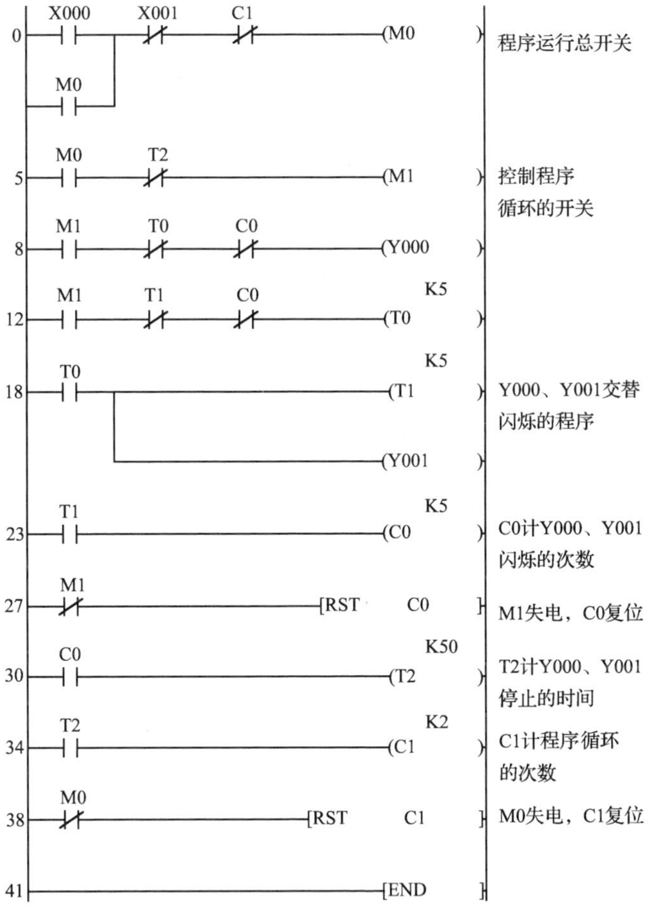

0	LD	X000		
1	OR	M0		
2	ANI	X001		
3	ANI	C1		
4	OUT	M0		
5	LD	M0		
6	ANI	T2		
7	OUT	M1		
8	LD	M1		
9	ANI	T0		
10	ANI	C0		
11	OUT	Y000		
12	LD	M1		
13	ANI	T1		
14	ANI	C0		
15	OUT	T0	K5	
18	LD	T0		
19	OUT	T1	K5	
22	OUT	Y001		
23	LD	T1		
24	OUT	C0	K5	
27	LDI	M1		
28	RST	C0		
30	LD	C0		
31	OUT	T2	K50	
34	LD	T2		
35	OUT	C1	K2	
38	LDI	M0		
39	RST	C1		
41	END			

梯形图说明：

- 0 行 —— 程序运行总开关
- 5 行 —— 控制程序循环的开关
- 8、12、18 行 —— Y000、Y001 交替闪烁的程序
- 23 行 —— C0 计 Y000、Y001 闪烁的次数
- 27 行 —— M1 失电，C0 复位
- 30 行 —— T2 计 Y000、Y001 停止的时间
- 34 行 —— C1 计程序循环的次数
- 38 行 —— M0 失电，C1 复位

(a) 梯形图   (b) 指令表

图 4-2 两灯交替闪烁的梯形图和指令表

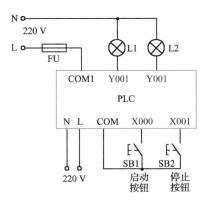

图 4-3 两灯交替闪烁的 PLC 外部接线图

任务实施

1. 控制要求

控制要求见表 4-1。

表 4-1   任务 1 控制要求

东西向	绿灯 Y000	绿灯 Y000 闪烁	黄灯 Y001	红灯 Y002			红灯 Y002
	20 s	ON 0.5 s,OFF 0.5 s,2 次	2 s				黄灯 Y001
南北向	红灯 Y003			红灯 Y003	绿灯 Y004	绿灯 Y004 闪烁	黄灯 Y005
				黄灯 Y005	30 s	ON 0.5 s,OFF 0.5 s,2 次	2 s

2. 任务目的

(1)联系实际,观察常见的交通灯的变化过程。

(2)掌握如何将振荡程序进行灵活运用。

(3)学会如何进行程序的顺序设计。

(4)掌握 PLC 控制交通灯的外部接线图的设计方法,学会实际接线。

3. 控制要求分析

一般的交通灯控制,东西向、南北向灯的变化中,从绿灯变化到红灯,灯的变化过程非常清楚,给人的提示很到位,但红灯变到绿灯却很突然,给人一点提示都没有。在人性化设计方面有缺陷,交通管理部门也注意到了这个问题,在新建的交通灯和改建的交通灯中,很多都改成了表 4-1 的控制方式。即红灯在变到绿灯的最后 2 s,黄灯亮,给人以提示,告诉人们,红灯即将要转换成绿灯,使处于两个方向的人都能得到对等的信号。

4. 实施设备

FX$_{2N}$-64MR PLC	1 台;
电路控制板	1 块;
交通灯模拟板	1 块。

5. 设计步骤

(1)I/O 信号分配见表 4-2。

表 4-2   任务 1 I/O 信号分配

输入(I)			输出(O)		
元 件	功 能	信号地址	元 件	功 能	信号地址
SB1	启动按钮	X000	KM1	控制东西向绿灯	Y000
SB2	停止按钮	X001	KM2	控制东西向黄灯	Y001
			KM3	控制东西向红灯	Y002
			KM4	控制南北向绿灯	Y004
			KM5	控制南北向黄灯	Y005
			KM6	控制南北向红灯	Y003

(2)梯形图和指令表如图 4-4 所示。

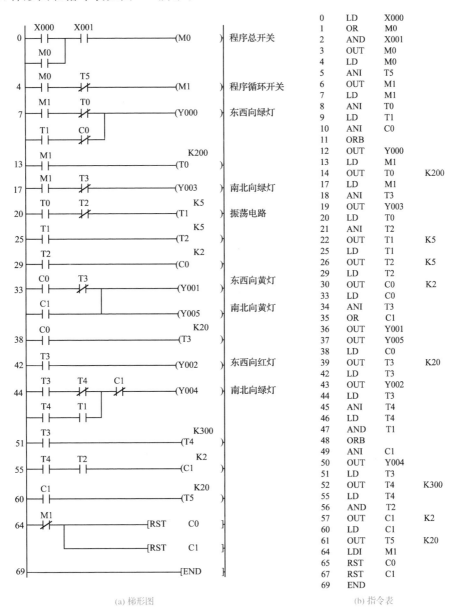

(a) 梯形图   (b) 指令表

图 4-4   任务 1 梯形图和指令表

（3）PLC 的外部接线图如图 4-5 所示。

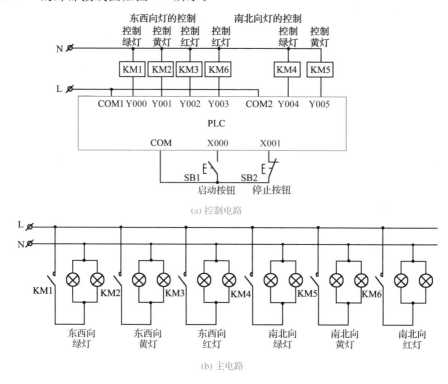

图 4-5　任务 1 PLC 的外部接线图

6. 程序讲解

交通灯的控制是纯粹的逻辑控制，按灯变化的顺序进行设计。从绿灯亮变化到红灯灭为一个周期，不断地循环。其中，程序的循环使用辅助继电器 M1 作为循环控制开关，当程序运行到结束，定时器 T5 延时 2 s 后，T5 的常闭触点断开，辅助继电器 M1 的线圈失电，由 M1 控制的元件全部失电，当元件 T5 的线圈失电后，其常闭触点闭合，辅助继电器 M1 的线圈又重新得电，程序开始循环下一个周期。

灯的闪烁则使用了由 T1、T2 组成的振荡电路，计数器 C0 的计数由定时器 T2 的常开触点控制；计数器 C1 的计数则由定时器 T4、T2 组成的串联电路控制，因为 C1 必须等到定时器 T4 延时时间到才可以计数，并且要多计一次数。因为 Y004 一得电，T4、T2 就闭合，C1 就计数一次，如果还按两次计数，Y004 就会少闪一次。

7. 运行调试

（1）将指令程序输入 PLC 主机，运行调试并验证程序的正确性。

（2）按图 4-5 完成 PLC 外部接线。

（3）确认控制系统及程序正确无误后，通电调试硬件系统。

（4）在老师的指导下，分析可能出现故障的原因。

知识拓展

有一组彩灯 L1～L8，要求隔灯显示，每 1 s 变换一次，反复进行。I/O 设置：X000 启动，X001 停止；L1～L8 接于 Y000～Y007。

彩灯交替闪烁梯形图和指令执行过程如图 4-6 所示。这是以向输出继电器传送数据的方式来实现控制要求的。

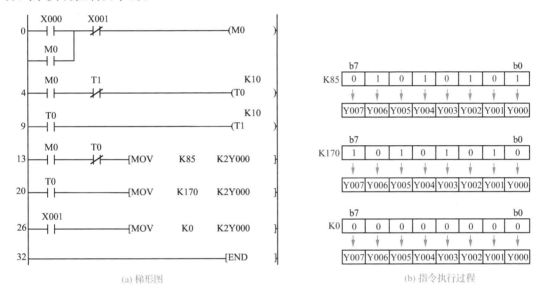

(a) 梯形图　　　　　　　　　　　　(b) 指令执行过程

图 4-6　彩灯交替闪烁梯形图和指令执行过程

任务2　PLC 对交通灯的控制（第二种方式）

任务引入

使用 PLC 对交通灯进行控制，很容易实现交通灯对稳定性、可靠性的要求。同时采取不同的编程方式，也很容易达到添加新项目的目的，而不需要在软件上增加太大的投资。下面采用第二种方式实现 PLC 对交通灯的控制。

任务分析

对交通灯实施控制，其控制程序有多种编写方式，在任务 1 中我们使用最常用的逻辑指令实施对交通灯的控制。这种方式容易编写，也容易理解。

在交通灯运行中，无论东西向，还是南北向，都有绿灯闪烁，属于共有的部分。这样可以将共有部分设置成子程序，每次绿灯要闪烁时，都调用子程序，同样能完成对交通灯的控制。

要完成本任务,必须具备以下知识:

(1)掌握子程序调用指令的用法。

(2)掌握子程序返回指令的用法。

(3)掌握指针 P 的用法。

相关知识

1. 子程序调用和返回指令 CALL(FNC01)、SRET(FNC02)

子程序调用和返回指令参数说明见表 4-3。

表 4-3　　　　　　　　　　　　子程序调用和返回指令参数说明

指令名称	功能号/助记符	操作数		程序步长
		[S1·][S2·]	[D·]	
子程序调用	FNC01 CALL(P)	—	指针 P0~P127(允许变址),P63 为 END,不作指针,嵌套为 5 级	CALL(P):3 步 P 指针:1 步
子程序返回	FNC02 SRET	—	—	1 步

CALL(FNC01)为子程序调用指令,其操作数对 FX$_{1N}$、FX$_{2N}$、FX$_{2NC}$ PLC 的指针为 P0~P127,P63 为 END 标号,不作为指针,标号在程序中仅能使用一次。子程序调用指令的应用如图 4-7 所示。

CALL 指令一般安排在主程序中,主程序的结束有 FEND 指令。子程序的开始端有 P□□指针,最后由 SRET 指令返回主程序。

图 4-7(a)中,X000 为调用子程序的条件。当 X000=ON 时,调用 P10~SRET 段子程序,并执行;当 X000=OFF 时,程序顺序执行。

子程序调用指令可以嵌套,最多为 5 级。如图 4-7(b)所示是一个嵌套的例子。子程序 P11 的调用因采用 CALL(P)指令,是脉冲执行方式,所以在 X000 由 OFF→ON 时,仅执行一次,即当 X000 从 OFF→ON 时,调用 P11 子程序。P11 子程序执行时,若 X011=ON,又要调用 P12 子程序并执行,当 P12 子程序执行完毕后,返回到 P11 原断点处执行 P11 子程序,当执行到 SRET 指令处,返回主程序。

2. 主程序结束指令 FEND(FNC06)

主程序结束指令参数说明见表 4-4。

表 4-4　　　　　　　　　　　　主程序结束指令参数说明

指令名称	功能号/助记符	操作数		程序步长
		[S1·][S2·]	[D·]	
主程序结束	FNC06　FEND	—	—	1 步

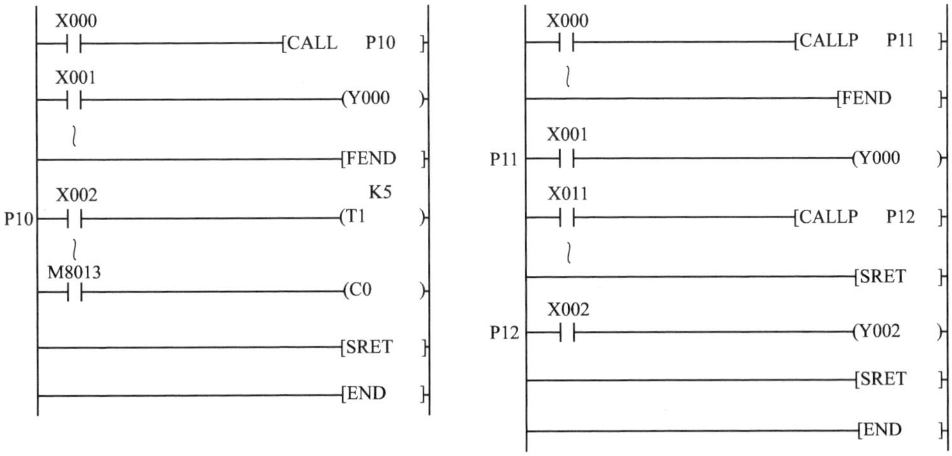

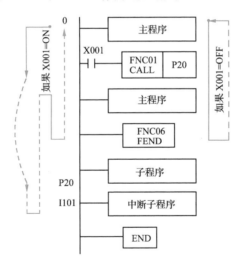

(a) 子程序调用指令的基本应用   (b) 子程序的嵌套

图 4-7　子程序调用和返回指令的应用

FEND（FNC06）为主程序的结束指令，执行此指令，功能同 END 指令。如图 4-8 所示为主程序结束指令的应用。在调用子程序（CALL）中，子程序、中断子程序应写在 FEND 指令之后，且其结束端均用 SRET 和 IRET 作为返回指令。

图 4-8　主程序结束指令的应用

若 FEND 指令在 CALL 或 CALL(P) 指令执行之后、SRET 指令执行之前出现，则程序认为是错误的。

子程序及中断子程序必须写在 FEND 与 END 指令之间，若使用多个 FEND 指令的话，则在最后的 FEND 与 END 指令之间编写子程序或中断子程序。

任务实施

1. 控制要求

控制要求见表 4-1。

2. 任务目的

(1)了解使用子程序的条件。
(2)设计子程序。

3. 控制要求分析

当程序中有公共部分且被反复调用,一般可将公共部分设置成子程序。在交通灯运行中,东西向和南北向都有绿灯闪烁,属于共有的部分。这样可以将闪烁程序设置成子程序,每次绿灯要闪烁时,都调用子程序。

4. 实施设备

同项目 4 任务 1。

5. 设计步骤

(1)I/O 信号分配见表 4-2。
(2)梯形图和指令表如图 4-9 所示。
(3)PLC 的外部接线图如图 4-5 所示。

6. 程序讲解

使用子程序调用指令设计程序时,交通灯的逻辑控制部分并没有发生变化,变化的只是将共有部分振荡程序作为子程序。使用子程序调用指令设计程序时,要注意两点:
(1)子程序可以反复被调用。
(2)子程序调用完后,要立即停止调用。

7. 运行调试

(1)将如图 4-9 所示程序输入 PLC 主机,运行调试并验证程序的正确性。
(2)在老师的指导下,分析可能出现故障的原因。

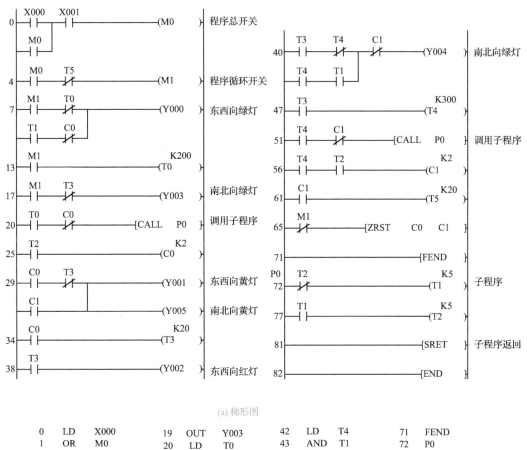

(a) 梯形图

0	LD	X000		19	OUT	Y003		42	LD	T4		71	FEND	
1	OR	M0		20	LD	T0		43	AND	T1		72	P0	
2	AND	X001		21	ANI	C0		44	ORB			73	LDI	T2
3	OUT	M0		22	CALL	P0		45	ANI	C1		74	OUT	T1 K5
4	LD	M0		25	LD	T2		46	OUT	Y004		77	LD	T1
5	ANI	T5		26	OUT	C0 K2		47	LD	T3		78	OUT	T2 K5
6	OUT	M1		29	LD	C0		48	OUT	T4 K300		81	SRET	
7	LD	M1		30	ANI	T3		51	LD	T4		82	END	
8	ANI	T0		31	OR	C1		52	ANI	C1				
9	LD	T1		32	OUT	Y001		53	CALL	P0				
10	ANI	C0		33	OUT	Y005		56	LD	T4				
11	ORB			34	LD	C0		57	AND	T2				
12	OUT	Y000		35	OUT	T3 K20		58	OUT	C1 K2				
13	LD	M1		38	LD	T3		61	LD	C1				
14	OUT	T0 K200		39	OUT	Y002		62	OUT	T5 K20				
17	LD	M1		40	LD	T3		65	LDI	M1				
18	ANI	T3		41	ANI	T4		66	ZRST	C0 C1				

(b) 指令表

图 4-9 任务 2 梯形图和指令表

知识拓展

1. 循环右移指令 ROR(FNC30)

循环右移指令参数说明见表 4-5。

表 4-5 循环右移指令参数说明

指令名称	功能号/助记符	操作数		程序步长	备 注
		[D·]	n		
循环右移	FNC30 (D)ROR(P)	KnY、KnM、KnS、T、C、D、V、Z	K,H $n \leqslant 16$(16 位) $n \leqslant 32$(32 位)	16 位:5 步 32 位:9 步	连续/脉冲执行 影响标志: M8022

循环右移指令功能说明如图 4-10 所示。当 X000＝ON 时,[D·]内的各位数据向右移 n 位,最后一次从最低位移出的状态存于进位标志 M8022 中。

图 4-10 循环右移指令功能说明

循环右移指令中的[D·]可以是 16 位数据寄存器,也可以是 32 位数据寄存器。

ROR(P)为脉冲型指令,ROR 为连续型指令,其循环移位操作每个周期执行一次。循环右移指令执行过程如图 4-11 所示。

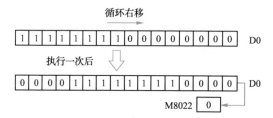

图 4-11 循环右移指令执行过程

若在目标元件中指定"位"数,则只能用 K4(16 位指令)和 K8(32 位指令)表示,如图 4-12 所示。

图 4-12 使用组合元件功能说明

2. 循环左移指令 ROL(FNC31)

循环左移指令参数说明见表 4-6。

表 4-6　　　　　　　　　　　循环左移指令参数说明

指令名称	功能号/助记符	操作数		程序步长	备　注
		[D·]	n		
循环左移	FNC31 (D)ROL(P)	KnY、KnM、KnS、T、 C、D、V、Z	K、H n≤16(16 位) n≤32(32 位)	16 位:5 步 32 位:9 步	连续/脉冲执行 影响标志: M8022

循环左移指令功能说明如图 4-13 所示。当 X000＝ON 时,[D·]内的各位数据向左移 n 位,最后一次从最高位移出的状态存于进位标志 M8022 中。

循环左移指令中的[D·]可以是 16 位数据寄存器,也可以是 32 位数据寄存器。

ROL(P)为脉冲型指令,ROL 为连续型指令,其循环移位操作每个周期执行一次。循环左移指令执行过程如图 4-14 所示。

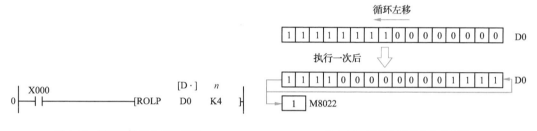

图 4-13　循环左移指令功能说明　　　　　　　图 4-14　循环左移指令执行过程

若在目标元件中指定"位"数,则只能用 K4(16 位指令)和 K8(32 位指令)表示。

3. 解码指令 DECO(FNC41)

解码指令参数说明见表 4-7。

表 4-7　　　　　　　　　　　解码指令参数说明

指令名称	功能号/助记符	操作数			程序步长	备　注
		[S·]	[D·]	n		
解码指令	FNC41 DECO(P)	K、H、X、Y、M、 S、T、C、D、V、Z	Y、M、S、T、 C、D	K、H 1≤n≤8 (位元件) 1≤n≤4(字 元件)	16 位:5 步	连续/脉 冲执行

(1)当[D·]是指定位元件时,以源[S·]为首地址的 n 位连续的位元件所表示的十进制码值为 Q,DECO 指令把以[D·]为首地址目标元件的第 Q 位(不含目标元件位本身)置 1,其他位置 0,如图 4-15(a)所示。源数据 $Q = 1 \times 2^1 + 1 \times 2^0 = 3$,因此从 M10 开始的第 3 位 M13 为 1。当源数据 $Q = 0$,则第 0 位(M10)为 1。

当 n＝0 时,程序不执行;当 n＝0～8 以外时,出现运算错误;当 n＝8 时,[D·]的位数为 $2^8 = 256$。当驱动输入 X004＝OFF 时,不执行指令,上一次解码输出置 1 的位保持不变。

若指令是连续执行型,则在各个扫描周期都执行,要注意这一点。

(2)当[D·]是字位元件时,以源[S·]所指定字元件的低位的 n 所表示的十进制码值为 Q,DECO 指令把以[D·]所指定字元件的第 Q 位(不含最低位)置 1,其他位置 0,如图 4-15(b)所示。源数据 $Q = 1 \times 2^1 + 1 \times 2^0 = 3$,因此 D1 的第 3 位为 1。当源数据为 0 时,第 0 位为 1。

当 n＝0 时,程序不执行;当 n＝0～4 以外时,出现运算错误;当 n＝4 时,[D·]的位数

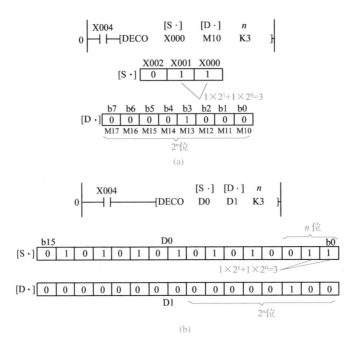

图 4-15 解码指令功能说明及执行过程

为 $2^4=16$。当驱动输入 X004＝OFF 时,不执行指令,上一次解码输出置 1 的位保持不变。

4. 脉冲输出指令 PLS、PLF

脉冲输出指令参数说明见表 4-8。

表 4-8 脉冲输出指令参数说明

指令名称	助记符	功　能	电路表示和可用操作元件	程序步长
上升沿脉冲	PLS	操作元件在输入信号的上升沿输出脉冲	┤├─[PLS　Y,M] 操作元件除特殊的 M 以外	2 步
下降沿脉冲	PLF	操作元件在输入信号的下降沿输出脉冲	┤├─[PLF　Y,M] 操作元件除特殊的 M 以外	2 步

PLS:操作元件在信号的上升沿输出一个脉冲,脉冲持续时间一个扫描周期。

PLF:操作元件在信号的下降沿输出一个脉冲,脉冲持续时间一个扫描周期。

PLS/PLF 指令功能说明如图 4-16 所示。

当 X000 接通时,M0 的线圈在 X000 接通的上升沿 ON(闭合)一个扫描周期,然后断开,此时,即使 X000 还处于闭合状态,M0 的线圈也不再闭合。当 X000 再接通时,M0 的线圈再在 X000 接通的上升沿 ON(闭合)一个扫描周期,然后断开。

当 X001 接通时,M1 的线圈不输出脉冲,当 X001 断开时,M1 在 X001 的下降沿 ON(闭合)一个扫描周期,即在 X001 断开时输出一个脉冲。

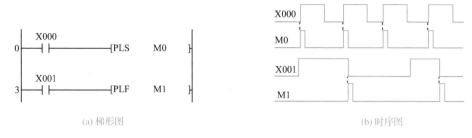

(a) 梯形图　　　　　　　　　　　(b) 时序图

图 4-16　PLS/PLF 指令功能说明

5. 霓虹灯顺序控制

现有 8 只(L1～L8)霓虹灯管接于 K2Y000,要求:当 X000＝ON 时,霓虹灯 L1～L8 以正序每隔 1 s 轮流点亮,当 L8(Y007)亮后,停 5 s。然后,反向逆序每隔 1 s 轮流点亮,当 L1(Y000)再亮后,停 5 s。重复上述过程。当 X001＝ON 时,霓虹灯停止工作。霓虹灯顺序控制梯形图如图 4-17 所示。

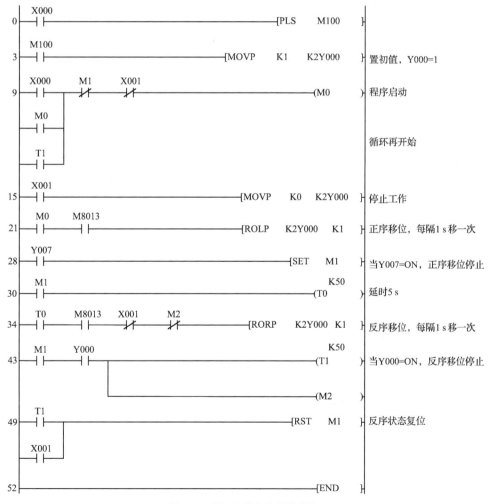

图 4-17　霓虹灯顺序控制梯形图

6. 广告牌边框饰灯控制

用 PLC 驱动广告牌边框饰灯,该广告牌有 16 个边框饰灯 L1~L16 接于 K4Y000,要求:当广告牌开始工作时,饰灯每隔 0.1 s 从 L1 到 L16 依次正序轮流点亮,重复进行。循环两周后,又从 L16 到 L1 依次反序每隔 0.1 s 轮流点亮,重复进行。循环两周后,再按正序轮流点亮。重复上述过程。当按停止按钮时,停止工作。广告牌边框饰灯控制梯形图如图 4-18 所示。

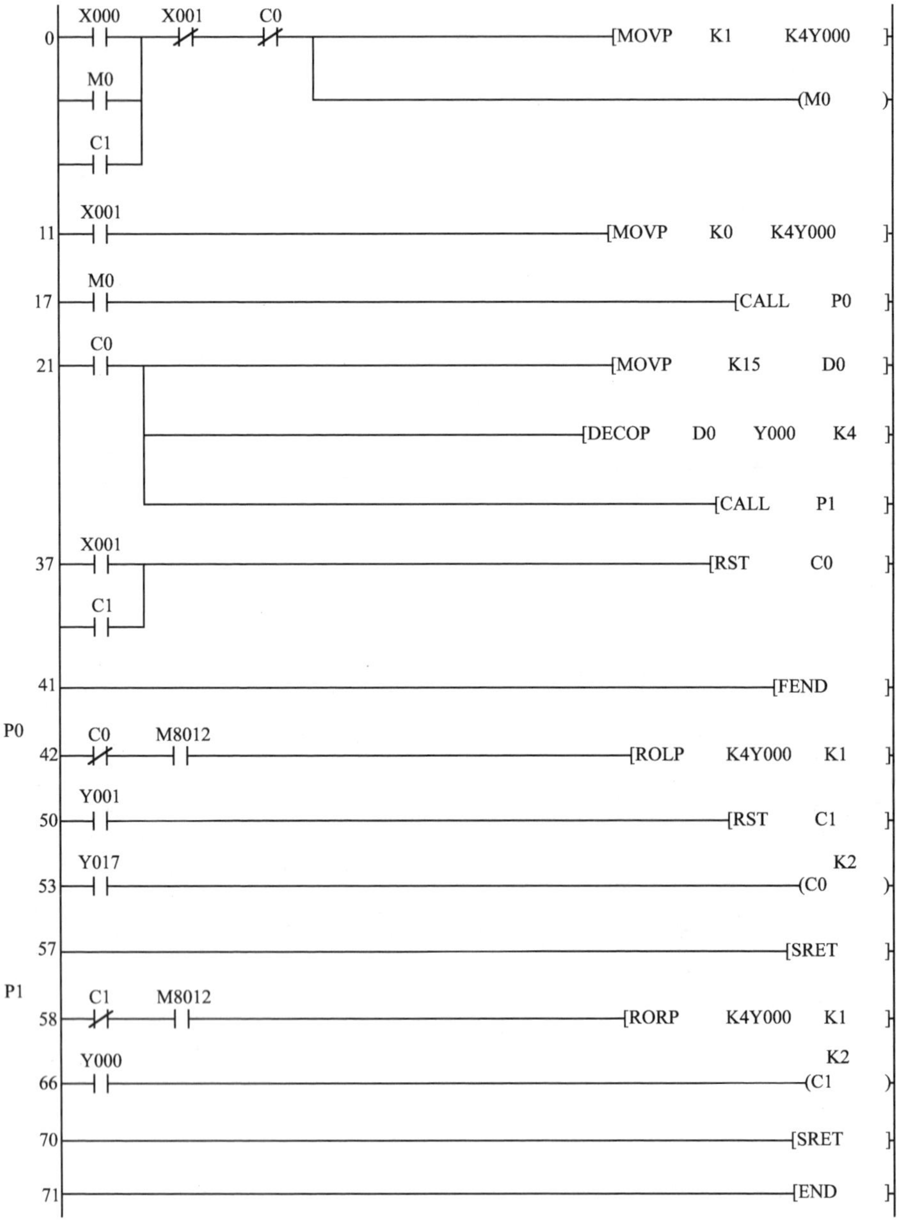

图 4-18 广告牌边框饰灯控制梯形图

其 PLC 的外部接线图如图 4-19 所示。

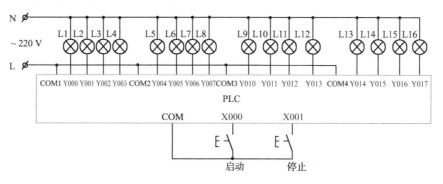

图 4-19　广告牌边框饰灯控制 PLC 的外部接线图

当 X000 为 ON 时,先置正序初值(使 Y000 为 ON),然后执行子程序调用程序,进入子程序 1,执行循环左移指令,输出继电器依次每隔 0.1 s 正序左移一位,左移一周期结束,即 Y017 为 ON 时,C0 计数一次,重新左移;当 C0 计数两次后,停止左循环,返回主程序。再置反序初值(Y017 为 ON),然后进入子程序 2,执行循环右移指令,输出继电器依次每隔 0.1 s 反序右移一位,右移一周期结束,即 Y000 为 ON 时,C1 计数一次,重新右移;当 C1 计数两次后,停止右循环,返回主程序,同时使 M0 重新为 ON,进入子程序 1。重复上述过程。

当 X001 为 ON 时,输出继电器全为 OFF,计数器复位,饰灯全部熄灭。

任务 3　PLC 对交通灯的控制(第三种方式)

任务引入

掌握多种编程方式实现对交通灯的控制,对掌握 PLC 指令、学习 PLC 控制程序的编写方法及开阔思路,都是一种很好的方法。下面用第三种控制方式实现 PLC 对交通灯的控制。

任务分析

对交通灯实施控制,其控制程序有多种编写方式,在任务 1 和任务 2 中我们分别使用逻辑指令、子程序调用指令实施对交通灯的控制。

在本任务中,我们将使用比较指令编程,同样能达到满意的效果。

要完成本任务,必须掌握各种触点比较指令的用法。

相关知识

1.　触点比较指令

PLC 功能指令中有触点比较指令 18 条,见表 4-9。使用这些触点比较指令编写程序,可使程序结构更加简便。

表 4-9 触点比较指令

FNC 功能号	助记符	指令名称
224	LD＝	触点比较指令运算开始(S1)＝(S2)时导通
225	LD＞	触点比较指令运算开始(S1)＞(S2)时导通
226	LD＜	触点比较指令运算开始(S1)＜(S2)时导通
228	LD＜＞	触点比较指令运算开始(S1)≠(S2)时导通
229	LD≤	触点比较指令运算开始(S1)≤(S2)时导通
230	LD≥	触点比较指令运算开始(S1)≥(S2)时导通
232	AND＝	触点比较指令串联连接(S1)＝(S2)时导通
233	AND＞	触点比较指令串联连接(S1)＞(S2)时导通
234	AND＜	触点比较指令串联连接(S1)＜(S2)时导通
236	AND＜＞	触点比较指令串联连接(S1)≠(S2)时导通
237	AND≤	触点比较指令串联连接(S1)≤(S2)时导通
238	AND≥	触点比较指令串联连接(S1)≥(S2)时导通
240	OR＝	触点比较指令并联连接(S1)＝(S2)时导通
241	OR＞	触点比较指令并联连接(S1)＞(S2)时导通
242	OR＜	触点比较指令并联连接(S1)＜(S2)时导通
244	OR＜＞	触点比较指令并联连接(S1)≠(S2)时导通
245	OR≤	触点比较指令并联连接(S1)≤(S2)时导通
246	OR≥	触点比较指令并联连接(S1)≥(S2)时导通

(1)LD 触点比较指令

LD 触点比较指令共有 6 条,分别是 LD＝(FNC224)、LD＞(FNC225)、LD＜(FNC226)、LD＜＞(FNC228)、LD≤(FNC229)、LD≥(FNC230),其参数说明见表 4-10。

表 4-10 LD 触点比较指令参数说明

指令名称	功能号/助记符	操作数		程序步长	备注
		[S1・]	[S2・]		
LD 触点比较	LD＝(FNC224) LD＞(FNC225) LD＜(FNC226) LD＜＞(FNC228) LD≤(FNC229) LD≥(FNC230)	K、H、KnX、KnY、KnM、KnS、T、C、D、V、Z		16 位:5 步 32 位:9 步	连续执行

如图 4-20 所示为 LD＝触点比较指令功能说明。当计数器 C10 的当前值为 20 时,Y001 为 ON。

图 4-20 LD＝触点比较指令功能说明

LD 触点比较指令的导通和非导通条件见表 4-11。

表 4-11　　　　LD 触点比较指令的导通和非导通条件

功能号	16 位指令	32 位指令	导通条件	非导通条件
224	LD=	LD(D)=	[S1・]=[S2・]	[S1・]≠[S2・]
225	LD＞	LD(D)＞	[S1・]＞[S2・]	[S1・]≤[S2・]
226	LD＜	LD(D)＜	[S1・]＜[S2・]	[S1・]≥[S2・]
228	LD＜＞	LD(D)＜＞	[S1・]≠[S2・]	[S1・]=[S2・]
229	LD≤	LD(D)≤	[S1・]≤[S2・]	[S1・]＞[S2・]
230	LD≥	LD(D)≥	[S1・]≥[S2・]	[S1・]＜[S2・]

(2)AND 触点比较指令

AND 触点比较指令共有 6 条，分别是 AND=(FNC232)、AND＞(FNC233)、AND＜(FNC234)、AND＜＞(FNC236)、AND≤(FNC237)、AND≥(FNC238)，其参数说明见表 4-12。

表 4-12　　　　AND 触点比较指令参数说明

指令名称	功能号/助记符	操作数		程序步长	备　注
		[S1・]	[S2・]		
AND 触点比较	AND=(FNC232)，AND＞(FNC233) AND＜(FNC234)，AND＜＞(FNC236) AND≤(FNC237)，AND≥(FNC238)	K、H、KnX、KnY、KnM、KnS、T、C、D、V、Z		16 位:5 步 32 位:9 步	连续执行

如图 4-21 所示为 AND=、AND＜＞、AND(D)＞三条触点比较指令功能说明。当 X000 为 ON，且计数器 C10 的当前值为 200 时，Y010 为 ON；当 X001 为 OFF，且数据寄存器 D10 的内容不等于－10 时，Y011 为 ON；当 X002 为 ON，且数据寄存器(D11、D10)的内容小于 678 493，或者 M3 处于 ON 时，驱动 M50。

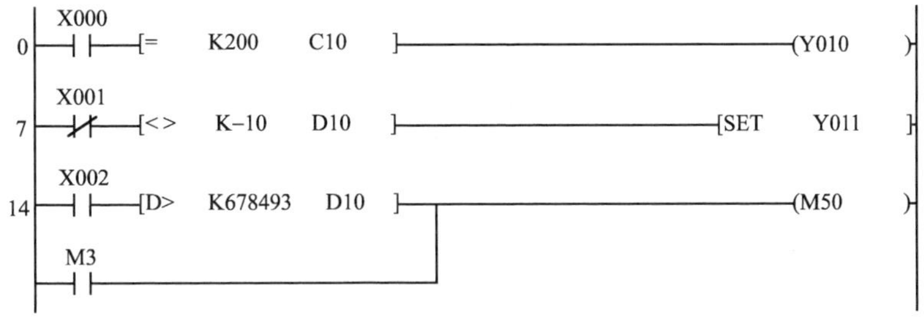

图 4-21　AND 触点比较指令功能说明

AND 触点比较指令的导通和非导通条件见表 4-13。

表 4-13　　　　AND 触点比较指令的导通和非导通条件

功能号	16 位指令	32 位指令	导通条件	非导通条件
232	AND=	AND(D)=	[S1・]=[S2・]	[S1・]≠[S2・]
233	AND＞	AND(D)＞	[S1・]＞[S2・]	[S1・]≤[S2・]
234	AND＜	AND(D)＜	[S1・]＜[S2・]	[S1・]≥[S2・]
236	AND＜＞	AND(D)＜＞	[S1・]≠[S2・]	[S1・]=[S2・]
237	AND≤	AND(D)≤	[S1・]≤[S2・]	[S1・]＞[S2・]
238	AND≥	AND(D)≥	[S1・]≥[S2・]	[S1・]＜[S2・]

（3）OR触点比较指令

OR触点比较指令共有6条，分别是 OR＝（FNC240）、OR＞（FNC241）、OR＜（FNC242）、OR＜＞（FNC244）、OR≤（FNC245）、OR≥（FNC246），其参数说明见表4-14。

表 4-14 　　　　　　　　　　　　OR触点比较指令参数说明

指令名称	功能号/助记符	操作数		程序步长	备 注
		[S1·]	[S2·]		
OR 触点比较	OR＝（FNC240）；OR＞（FNC241）；OR＜（FNC242）；OR＜＞（FNC244）；OR≤（FNC245）；OR≥（FNC246）	K、H、KnX、KnY、KnM、KnS、T、C、D、V、Z		16位：5步 32位：9步	连续执行

如图4-22所示为 OR＝、OR(D)≥ 两条触点比较指令功能说明。当X001为ON，或者计数器C10的当前值为200时，Y000为ON；当X002和M30为ON，或者数据寄存器（D101、D100）的内容大于或等于100 000时，M60为ON。

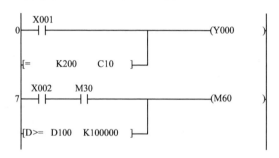

图 4-22　OR触点比较指令功能说明

OR触点比较指令的导通和非导通条件见表4-15。

表 4-15 　　　　　　　　　　OR触点比较指令的导通和非导通条件

功能号	16位指令	32位指令	导通条件	非导通条件
240	OR＝	OR(D)＝	[S1·]=[S2·]	[S1·]≠[S2·]
241	OR＞	OR(D)＞	[S1·]>[S2·]	[S1·]≤[S2·]
242	OR＜	OR(D)＜	[S1·]<[S2·]	[S1·]≥[S2·]
244	OR＜＞	OR(D)＜＞	[S1·]≠[S2·]	[S1·]=[S2·]
245	OR≤	OR(D)≤	[S1·]≤[S2·]	[S1·]>[S2·]
246	OR≥	OR(D)≥	[S1·]≥[S2·]	[S1·]<[S2·]

任务实施

1. **控制要求**

控制要求见表 4-1。

2. **任务目的**

熟练使用各种触点比较指令。

3. **控制要求分析**

仔细分析交通灯的控制要求,会发现绿灯、黄灯、红灯分别是在不同时间区间亮。这样就可以使用触点比较指令,设置出不同的时间区间,以达到控制绿灯、黄灯、红灯亮的目的。

4. **实施设备**

同项目 4 任务 1。

5. **设计步骤**

(1)I/O 信号分配见表 4-2。
(2)梯形图和指令表如图 4-23 所示。
(3)PLC 的外部接线图如图 4-5 所示。

6. **程序讲解**

该程序全部使用触点比较指令控制交通灯的变化,设计新颖,编程简单。使用一个定时器 T0 控制交通灯一个周期的运行时间,让绿灯、黄灯、红灯在一个周期内的不同时间段点亮,不用考虑它们之间控制的逻辑关系,只要计算准时间即可。该程序修改灯亮的时间也很方便。唯一的缺点是闪烁程序,若绿灯只闪烁 2 次还可以,如果闪烁的次数多,则闪烁程序相应地就要增加,造成程序冗长。

7. **运行调试**

(1)将如图 4-23 所示程序输入 PLC 主机,运行调试并验证程序的正确性。
(2)在老师的指导下,分析可能出现故障的原因。

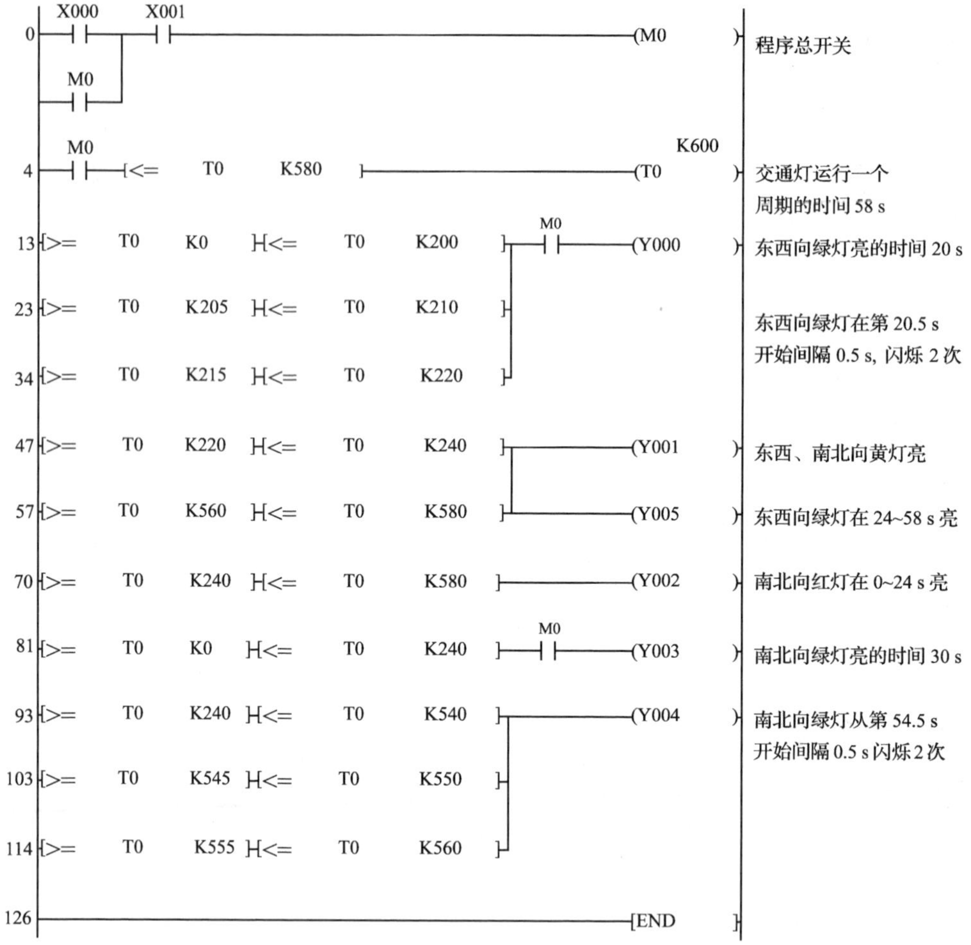

PLC 综合应用技术

梯形图右侧注释：
- 程序总开关
- 交通灯运行一个周期的时间 58 s
- 东西向绿灯亮的时间 20 s
- 东西向绿灯在第 20.5 s 开始间隔 0.5 s, 闪烁 2 次
- 东西、南北向黄灯亮
- 东西向绿灯在 24~58 s 亮
- 南北向红灯在 0~24 s 亮
- 南北向绿灯亮的时间 30 s
- 南北向绿灯从第 54.5 s 开始间隔 0.5 s 闪烁 2 次

(a) 梯形图

0	LD	X000		44	ORB			81	LD>=	T0	K0
1	OR	M0		45	AND	M0		86	AND<=	T0	K240
2	AND	X001		46	OUT	Y000		91	AND	M0	
3	OUT	M0		47	LD=	T0	K220	92	OUT	Y003	
4	LD	M0		52	AND<=	T0	K240	93	LD>=	T0	K240
5	AND>=	T0	K580	57	LD>=	T0	K560	98	AND<=	T0	K540
10	OUT	T0	K600	62	AND<=	T0	K580	103	LD>=	T0	K545
13	LD>=	T0	K0	67	ORB			108	AND<=	T0	K550
18	AND<=	T0	K200	68	OUT	Y001		113	ORD		
23	LD>=	T0	K205	69	OUT	Y005		114	LD>=	T0	K555
28	AND<=	T0	K210	70	LD>=	T0	K240	119	AND<=	T0	K560
33	ORB			75	AND<=	T0	K580	124	ORB		
34	LD>=	T0	K215	80	OUT	Y002		125	OUT	Y004	
39	AND<=	T0	K220					126	END		

(b) 指令表

图 4-23　任务 3 梯形图和指令表

知识拓展

1. 比较指令 CMP(FNC10)、ZCP(FNC11)

比较指令参数说明见表 4-16。

表 4-16　　　　　　　　　　比较指令参数说明

指令名称	功能号/助记符	操作数		程序步长	备　注
		[S1·][S2·]	[D·]		
比较	FNC10 (D)CMP(P)	K、H、KnX、KnY、KnM、KnS、T、C、D、V、Z	Y、M、S	16 位:7 步 32 位:13 步	连续/脉冲执行
区间比较	FNC11 (D)ZCP(P)	K、H、KnX、KnY、KnM、KnS、T、C、D、V、Z	Y、M、S	16 位:9 步 32 位:17 步	连续/脉冲执行

比较指令包括 CMP(比较)和 ZCP(区间比较),比较结果用目标元件的状态来表示。待比较的源操作数[S1·]和[S2·]可取任意的数据格式,目标操作数[D·]可取 Y、M 和 S,占用 3 点。

(1)比较指令

比较指令 CMP 比较源操作数[S1·]和[S2·]的值,比较的结果送到目标操作数[D·]中去。如图 4-24 所示,比较指令将十进制常数 100 与计数器 C10 的当前值比较,比较结果送到 M0、M1、M2。当 X001 为 OFF 时,不进行比较,M0、M1、M2 的状态保持不变。当 X001 为 ON 时,进行比较。若比较结果为[S1·]>[S2·],则 M0=ON;若比较结果为[S1·]=[S2·],则 M1=ON;若比较结果为[S1·]<[S2·],则 M2=ON。

比较的数据均为二进制数,带符号位比较,如 -5<2。比较结果会影响目标操作数(Y、M、S),若把目标操作数指定其他继电器如 X、D、T、C,则会出错。

若要清除比较结果,需要用 RST 和 ZRST 指令复位目标操作数。

(2)区间比较指令

如图 4-25 所示,X002 为 ON 时,执行 ZCP 指令,将 T3 的当前值与常数 100 和 150 相比较,比较结果送到 M3、M4、M5。当 X002 为 OFF 时,不进行比较,M3、M4、M5 的状态保持不变。当 X002 为 ON 时,进行比较。若比较结果为 T3 的当前值<K100,则 M3=ON;若比较结果为 K100<T3 的当前值<K150,则 M4=ON;若比较结果为 T3 的当前值>K150,则 M5=ON。

源数据[S1·]不能大于[S2·],否则出错。

比较的数据均为二进制数,且为带符号位比较。

```
           X001              [S1·]  [S2·]  [D·]          X002               [S1·]  [S2·]  [S·]  [D·]
           ├─┤┤        ┌[CMP   K100   C10    M0 ]        ├─┤┤         ┌[ZCP   K100   K150   T3    M3 ]
              M0                                             M3
              ├─┤┤──  C10<100时    M0=ON                    ├─┤┤──  T3的当前值<100时        M3=ON
              M1                                             M4
              ├─┤┤──  100=C10时    M1=ON                    ├─┤┤──  100<T3的当前值<150时   M4=ON
              M2                                             M5
              ├─┤┤──  100<C10时    M2=ON                    ├─┤┤──  T3的当前值>150时        M5=ON
```

图 4-24 比较指令 CMP 功能说明   图 4-25 区间比较指令 ZCP 功能说明

比较指令 CMP 的应用如图 4-26 所示。当 X000＝ON 时,若 C0 计数值＜10,则 Y000＝1;若 C0 计数值＝10,则 Y001＝1;若 C0 计数值＞10,则 Y002＝1;当 C0 计数到 15 时,Y003＝ON。

如图 4-27 所示为区间比较指令 ZCP 的应用。当 X001＝ON 时,若计数器 C1 的当前值＜10,则 Y004＝ON;若 10＜计数器 C1 的当前值＜20,则 Y005＝ON;若计数器 C1 的当前值＞20,则 Y006＝ON。M8013 为秒脉冲输出,计数器 C1 计数到 30 自动清零。不难看出,Y004、Y005、Y006 输出均为 10 s,Y011 为秒脉冲输出。

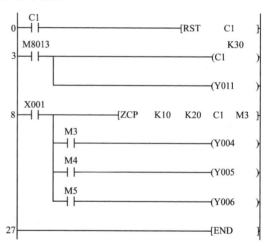

```
      X000    T1                          K10
  0   ├─┤┤───┤/├──────────────────────(T0  )
      T0                                  K10
  5   ├─┤┤──────────────────────────(T1  )
      │
      └──────────────────────────────(Y010 )
      Y010                              K15
 10   ├─┤┤──────────────────────────(C0  )
      X000
 14   ├─┤┤──────[CMP    K10    C0    Y000 ]
      C0
 22   ├─┤┤──────────────────────────(Y003 )
 24   ───────────────────────────────[END  ]
```

图 4-26 比较指令 CMP 的应用

```
      C1
  0   ├─┤┤───────────────────────────[RST    C1  ]
      M8013                                    K30
  3   ├─┤┤───────────────────────────────(C1  )
      │
      └──────────────────────────────────(Y011 )
      X001
  8   ├─┤┤──────[ZCP    K10    K20    C1    M3 ]
      M3
      ├─┤┤──────────────────────────────(Y004 )
      M4
      ├─┤┤──────────────────────────────(Y005 )
      M5
      ├─┤┤──────────────────────────────(Y006 )
 27   ───────────────────────────────────[END  ]
```

图 4-27 区间比较指令 ZCP 的应用

2. 密码锁控制程序设计

用比较器构成密码锁系统。密码锁有 12 个按钮,分别接入 X000～X013,其中 X000～X003 代表第一个十六进制数;X004～X007 代表第二个十六进制数;X010～X013 代表第三个十六进制数。根据设计要求,每次同时按 4 个按钮,分别代表 3 个十六进制数,共按 3 次。如与密码锁设定值都相符合,T0 延时 3 s 后,Y000 置位可开锁;T1 延时 10 s 后,Y000 复位,重新锁定。X014 为按错键后的清零。密码锁控制梯形图如图 4-28 所示。

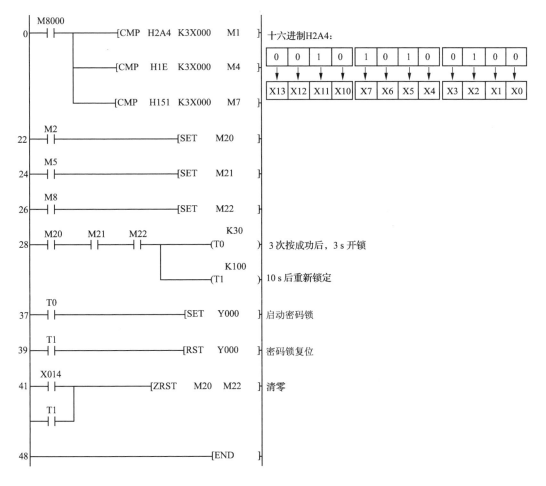

图 4-28　密码锁控制梯形图

能力测试

（1）使用比较和传送指令编写彩灯控制程序

有彩灯 L1～L8，当程序启动后，彩灯间隔 0.5 s 闪烁，要求：

① 5 次内（不包括 5 次），奇数灯闪烁。

② 5～15 次，奇数灯和偶数灯间隔 0.5 s 交替闪烁。

③ 大于 15 次，偶数灯闪烁。

④ 25 次时，程序从头开始循环，一遍后停止。

（2）抢答器控制系统的设计

有三队选手参加竞赛，选手必须遵守以下规定：

① 选手若要回答主持人所提的问题，必须待主持人念完题目后，按下桌上的抢答按钮，桌上的灯亮，才算获得抢答权。主持人没有念完题目就按下抢答按钮，蜂鸣器鸣叫，但桌上的灯不亮，此时算选手违规。

② 选手回答完问题后，须待主持人按下复位按钮后，获得抢答权队的

三人抢答器

桌上的灯才熄灭,停止蜂鸣器鸣叫也是如此。

③为了给三队参赛选手中儿童一些优待,按下桌上两个按钮中任意一个,灯都亮;为了对教授组做一定限制,必须同时按下两个按钮,灯才亮;中学生队桌上只有一个按钮。违规时,任何按钮按下蜂鸣器都鸣叫。

④如果选手在主持人按下开始按钮的 10 s 内获得抢答权,选手头顶上方的彩球旋转,以示选手得到一次幸运的机会;10 s 后获得抢答权,选手头顶上方的彩球不旋转。

(3)用 PLC 实现报警灯的控制

要求:

①某装置正常运行时,绿灯亮;当 PLC 的输入继电器检测到故障报警信号后,绿灯灭,红灯以 2 Hz 的频率闪亮,同时蜂鸣器鸣叫。

②红灯以 2 Hz 的频率闪亮 10 次后,如果还没有工作人员来排除故障,红灯接着按间隔 0.3 s 的时间进行闪亮,蜂鸣器继续鸣叫,直到有工作人员来排除故障,停止 PLC 的运行。

(4)用 PLC 实现按钮人行道交通灯的控制

要求:

①一人过马路,东西向是车道,南北向是人行道。正常情况下,车道上有车辆行驶,如果有行人要通过交通路口,先要按动按钮,等到绿灯亮时,方可通过,此时东西向车道上红灯亮。延时一段时间后,南北向红灯亮,东西向绿灯亮。

②按钮人行道交通灯控制系统要求见表 4-17。

表 4-17 　　　　　　　　按钮人行道交通灯控制要求

			一个周期			
	X000					
马路	绿灯 Y002 亮	绿灯 Y002 亮 10 s	绿灯 Y002 闪烁 OFF 1 s,ON 1 s, 2 次	黄灯 Y001 亮 4 s	红灯 Y000 亮	
人行道	红灯 Y003 亮	红灯 Y003 亮			绿灯 Y004 亮 10 s	绿灯 Y004 闪烁 OFF 1 s,ON 1 s, 2 次

③如图 4-29,按下按钮 X000 或 X001,交通灯将按表 4-17 所示顺序变化。在按下按钮 X000 或 X001 至系统返回初始状态这段时间内,再按按钮 X000 或 X001 将对程序运行不起作用。

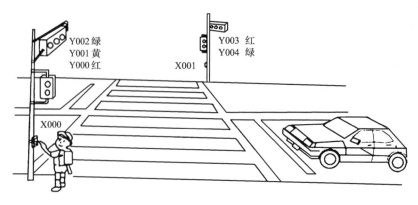

图 4-29　按钮人行道交通灯

项目 5
PLC对数码管负载的控制

任务1 PLC 对数码管的控制(第一种方式)

任务引入

在电梯的运行中,轿厢运行的楼层显示使用的是数码管显示,其正确性非常重要。在使用 PLC 控制的电梯中,其数码管显示是由 PLC 程序控制的。掌握这种编程方法非常必要。

任务分析

要使数码管显示数字,有各种驱动方式,但无论使用何种驱动方式,都必须具备以下知识:

(1)了解数码管的结构、数码管的接线方式。

(2)掌握数码管显示值变化的控制程序。

相关知识

1. 数码管的结构

七段数码管可以显示数字 0~9,十六进制数字 A~F。如图 5-1 所示为 LED 组成的七段数码管的外形和内部结构,七段数码管分共阳极结构和共阴极结构。以共阴极数码管为例,当 a、b、c、d、e、f 段接高电平发光,g 段接低电平不发光时,显示数字 0;当七段均接高电平发光时,则显示数字 8。以此类推,只要控制相应的码段发光,就能使数码管显示不同的数字。

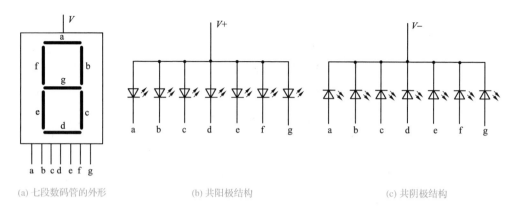

(a) 七段数码管的外形   (b) 共阳极结构   (c) 共阴极结构

图 5-1　七段数码管

2. 十进制数与七段数码管显示的对应关系

十进制数与七段数码管显示的对应关系见表 5-1。

表 5-1　　　　　　　　　　十进制数与七段数码管显示的对应关系

十进制数	七段显示电平						
	a	b	c	d	e	f	g
0	1	1	1	1	1	1	0
1	0	1	1	0	0	0	0
2	1	1	0	1	1	0	1
3	1	1	1	1	0	0	1
4	0	1	1	0	0	1	1
5	1	0	1	1	0	1	1
6	1	0	1	1	1	1	1
7	1	1	1	0	0	0	0
8	1	1	1	1	1	1	1
9	1	1	1	1	0	1	1

任务实施

1. 控制要求

用 10 个按钮控制一个数码管显示数字的变化,分别是按钮 SB0 控制数字 0 的显示,按钮 SB1 控制数字 1 的显示……按钮 SB9 控制数字 9 的显示。

2. 任务目的

熟练使用置位、复位指令。

3. 控制要求分析

一个数码管由 7 个发光二极管组成，每一个发光二极管由一个输出继电器驱动。程序根据要显示的数字，驱动不同的二极管发光，即可显示不同的数字。

4. 实施设备

FX$_{2N}$-64MR PLC　　　　　　　1 台；
数码管显示板　　　　　　　　　1 块。

5. 设计步骤

(1)I/O 信号分配见表 5-2。

表 5-2　　　　　　　　　　　　任务 1 I/O 信号分配

输入(I)			输出(O)		
元 件	功 能	信号地址	元 件	功 能	信号地址
SB0	数字 0 的输入信号	X000	数码管 a 段	控制数码管 a 段	Y000
SB1	数字 1 的输入信号	X001	数码管 b 段	控制数码管 b 段	Y001
SB2	数字 2 的输入信号	X002	数码管 c 段	控制数码管 c 段	Y002
SB3	数字 3 的输入信号	X003	数码管 d 段	控制数码管 d 段	Y003
SB4	数字 4 的输入信号	X004	数码管 e 段	控制数码管 e 段	Y004
SB5	数字 5 的输入信号	X005	数码管 f 段	控制数码管 f 段	Y005
SB6	数字 6 的输入信号	X006	数码管 g 段	控制数码管 g 段	Y006
SB7	数字 7 的输入信号	X007			
SB8	数字 8 的输入信号	X010			
SB9	数字 9 的输入信号	X011			
SB10	启动按钮	X012			
SB11	停止按钮	X013			

(2)梯形图如图 5-2 所示。

(3)指令表略(以后的指令表请读者自己完成)。

(4)PLC 的外部接线图如图 5-3 所示。PLC 输出端接外部直流电源 5～30 V。每段发光二极管的电流通常是几十毫安，应根据直流电压值确定限流电阻的阻值。

6. 程序讲解

数码管显示数字的程序不是很复杂，但设计时一定要细心，不然容易出错。程序分为两个部分，即数字信号采集部分和数字显示部分。

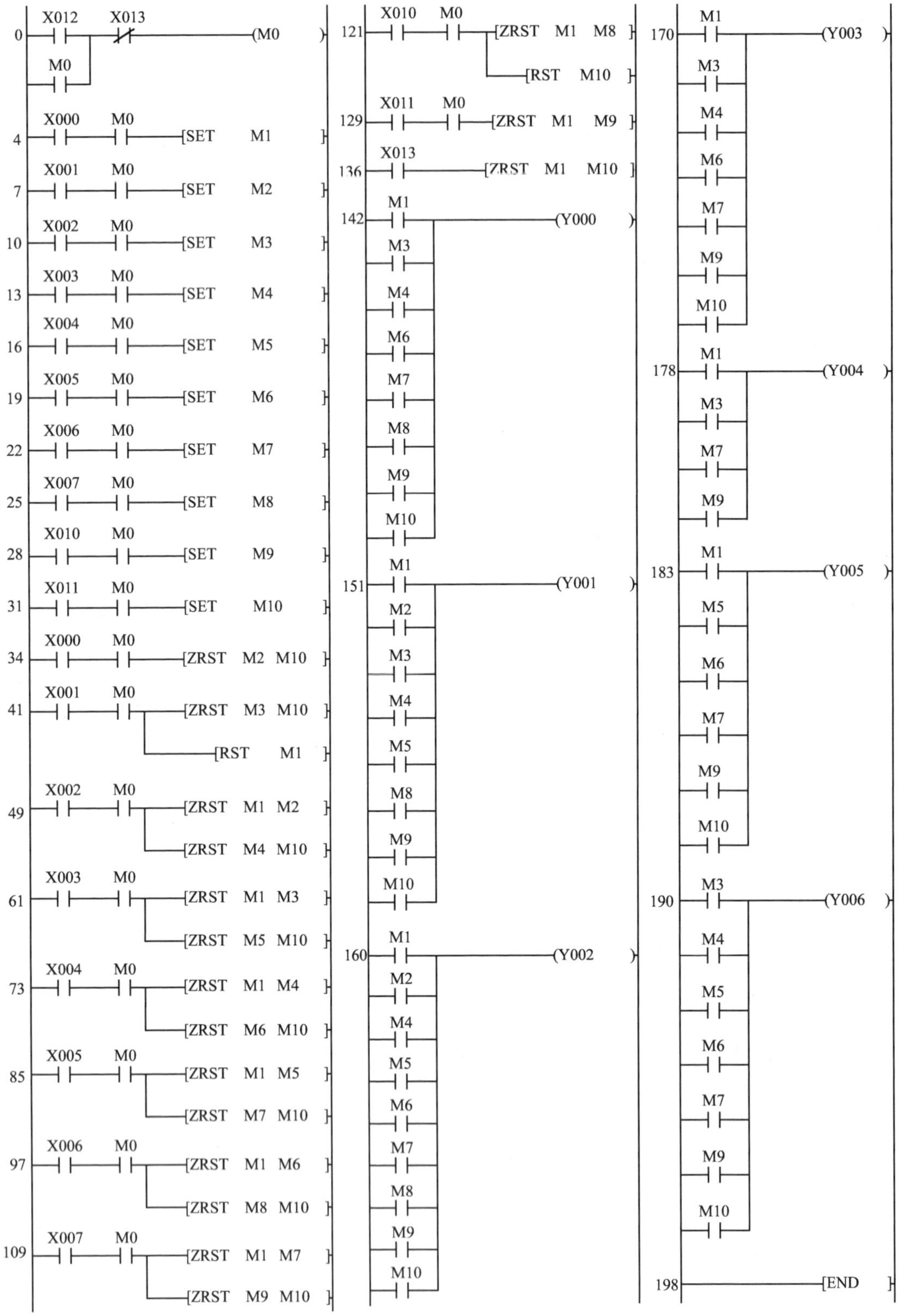

PLC 综合应用技术

```
0    X012   X013                        (M0
     ─┤├───┤/├──────────────────────────
     M0
     ─┤├──

4    X000   M0
     ─┤├────┤├──────────────[SET    M1
7    X001   M0
     ─┤├────┤├──────────────[SET    M2
10   X002   M0
     ─┤├────┤├──────────────[SET    M3
13   X003   M0
     ─┤├────┤├──────────────[SET    M4
16   X004   M0
     ─┤├────┤├──────────────[SET    M5
19   X005   M0
     ─┤├────┤├──────────────[SET    M6
22   X006   M0
     ─┤├────┤├──────────────[SET    M7
25   X007   M0
     ─┤├────┤├──────────────[SET    M8
28   X010   M0
     ─┤├────┤├──────────────[SET    M9
31   X011   M0
     ─┤├────┤├──────────────[SET    M10
34   X000   M0
     ─┤├────┤├──────────────[ZRST   M2  M10
41   X001   M0
     ─┤├────┤├──────────────[ZRST   M3  M10
                            [RST    M1
49   X002   M0
     ─┤├────┤├──────────────[ZRST   M1  M2
                            [ZRST   M4  M10
61   X003   M0
     ─┤├────┤├──────────────[ZRST   M1  M3
                            [ZRST   M5  M10
73   X004   M0
     ─┤├────┤├──────────────[ZRST   M1  M4
                            [ZRST   M6  M10
85   X005   M0
     ─┤├────┤├──────────────[ZRST   M1  M5
                            [ZRST   M7  M10
97   X006   M0
     ─┤├────┤├──────────────[ZRST   M1  M6
                            [ZRST   M8  M10
109  X007   M0
     ─┤├────┤├──────────────[ZRST   M1  M7
                            [ZRST   M9  M10
```

```
121  X010   M0
     ─┤├────┤├──────────────[ZRST   M1  M8
                            [RST    M10
129  X011   M0
     ─┤├────┤├──────────────[ZRST   M1  M9
136  X013
     ─┤├────────────────────[ZRST   M1  M10
142  M1                                (Y000
     ─┤├──────────────────────────────
     M3
     ─┤├──
     M4
     ─┤├──
     M6
     ─┤├──
     M7
     ─┤├──
     M8
     ─┤├──
     M9
     ─┤├──
     M10
     ─┤├──
151  M1                                (Y001
     ─┤├──────────────────────────────
     M2
     ─┤├──
     M3
     ─┤├──
     M4
     ─┤├──
     M5
     ─┤├──
     M8
     ─┤├──
     M9
     ─┤├──
     M10
     ─┤├──
160  M1                                (Y002
     ─┤├──────────────────────────────
     M2
     ─┤├──
     M4
     ─┤├──
     M5
     ─┤├──
     M6
     ─┤├──
     M7
     ─┤├──
     M8
     ─┤├──
     M9
     ─┤├──
     M10
     ─┤├──
```

```
170  M1                                (Y003
     ─┤├──────────────────────────────
     M3
     ─┤├──
     M4
     ─┤├──
     M6
     ─┤├──
     M7
     ─┤├──
     M9
     ─┤├──
     M10
     ─┤├──
178  M1                                (Y004
     ─┤├──────────────────────────────
     M3
     ─┤├──
     M7
     ─┤├──
     M9
     ─┤├──
183  M1                                (Y005
     ─┤├──────────────────────────────
     M5
     ─┤├──
     M6
     ─┤├──
     M7
     ─┤├──
     M9
     ─┤├──
     M10
     ─┤├──
190  M3                                (Y006
     ─┤├──────────────────────────────
     M4
     ─┤├──
     M5
     ─┤├──
     M6
     ─┤├──
     M7
     ─┤├──
     M9
     ─┤├──
     M10
     ─┤├──
198  ───────────────────────────────[END
```

图 5-2 任务 1 梯形图

下面以显示数字 0 为例讲解程序的运行,其余数字显示原理相同。

按按钮 SB10,启动程序,M0 线圈得电,此时在 M0 控制下的程序可以运行。

当按钮 SB0=ON 时,X000=ON,M1 置位,同时将 M2～M10 复位,使 M2～M10 的常开触点全部断开,不能驱动 PLC 的输出继电器。只有 M1 的常开触点闭合,驱动 PLC 的输出继电器 Y000～Y005,Y000～Y005 再驱动数码管的 a 段～f 段。数码管显示出的数字为 0。

7. 运行调试

(1)将指令程序输入 PLC 主机,运行调试并验证程序的正确性。

(2)按如图 5-3 所示的外部接线图完成接线。

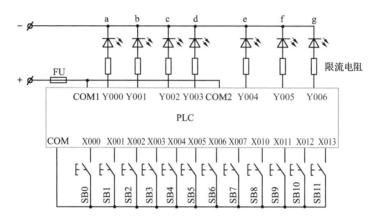

图 5-3 任务 1 PLC 的外部接线图

(3)在老师的指导下,分析可能出现故障的原因。

知识拓展

1. 十六进制数与七段数码管显示的对应关系

十六进制数与七段数码管显示的对应关系见表 5-3。

表 5-3　　　　　　　　　　　十六进制数与七段数码管显示的对应关系

十六进制数	数码管显示的数字	七段显示电平						
		g	f	e	d	c	b	a
H3F	0	0	1	1	1	1	1	1
H06	1	0	0	0	0	1	1	0
H5B	2	1	0	1	1	0	1	1
H4F	3	1	0	0	1	1	1	1
H66	4	1	1	0	0	1	1	0
H6D	5	1	1	0	1	1	0	1
H7D	6	1	1	1	1	1	0	1
H07	7	0	0	0	0	1	1	1
H7F	8	1	1	1	1	1	1	1
H6F	9	1	1	0	1	1	1	1

2. 使用数据传送指令控制数码管的数字显示

(1)控制要求

用 10 个按钮控制一个数码管显示数字的变化,分别是按钮 SB0 控制数字 0 的显示,按钮 SB1 控制数字 1 的显示……按钮 SB9 控制数字 9 的显示。

(2)设计步骤

①I/O 信号分配见表 5-2。

②梯形图如图 5-4 所示。

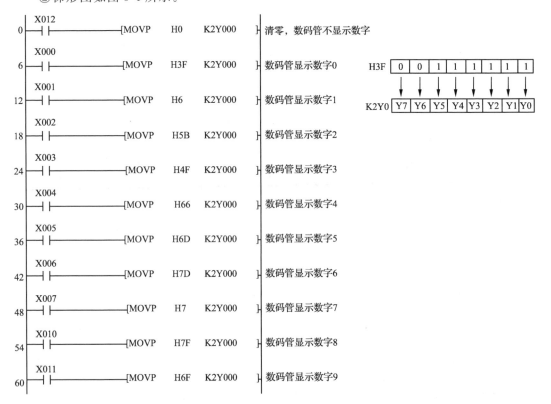

图 5-4 数码管显示数字梯形图

③PLC 的外部接线图如图 5-3 所示。

任务 2 PLC 对数码管的控制(第二种方式)

任务引入

任务 1 中对数码管的两种控制方式,事先必须设计好控制方式或要传送的数据,比较烦琐。在 FX$_{2N}$ 系列 PLC 指令系统中,有专门的七段译码指令,事先不用计算,可直接将十进制数据转换成七段数码管显示电平输出,驱动数码管显示,非常方便。

任务分析

使用七段译码指令驱动数码管,可随时将计算数据显示出来。要完成本任务,必须具备以下知识:

(1)掌握四则逻辑运算指令的使用方法。

(2)掌握 BCD 码交换指令的使用方法。

(3)掌握七段译码指令的使用方法。

相关知识

1. 加法指令 ADD(FNC20)

加法指令参数说明见表 5-4。

表 5-4　　　　　　　　　　　　　　加法指令参数说明

指令名称	功能号/助记符	操作数		程序步长	备　注
		[S1·][S2·]	[D·]		
加法	FNC20 (D)ADD(P)	K、H、KnX、KnY、KnM、KnS、T、C、D、V、Z	KnY、KnM、KnS、T、C、D、V、Z	16 位:7 步 32 位:13 步	连续/脉冲执行

加法指令是将指定的源元件中的二进制数相加,结果送到指定的目标元件中去。加法指令功能说明如图 5-5 所示。

如图 5-5(a)所示,当执行条件 X000＝ON 时,(D10)＋(D12)的结果送到(D14),连续执行。运算是代数运算,例如,5＋(－8)＝－3。

加法指令操作时影响三个常用标志位,即 M8020 零标志、M8021 借位标志、M8022 进位标志。如果运算结果为 0,则零标志 M8020 置 1;如果运算结果超过 32 767(16 位)或 2 147 483 647(32 位),则进位标志 M8022 置 1;如果运算结果小于－32 767(16 位)或－2 147 483 647(32 位),则借位标志 M8021 置 1。

在 32 位运算中,被指定的字元件是低 16 位元件,而下一个元件为高 16 位元件。

源和目标可以用相同的元件号。若源和目标元件号相同且采用连续执行的 ADD、(D)ADD指令,加法的结果在每个扫描周期都会改变。

若指令为脉冲执行型,如图 5-5(b)所示,X001 每闭合一次,D0 的数据加 1,这与 INC(P)指令的执行结果相似。其不同之处在于用 ADD 指令时,零位、借位、进位标志按上述方法置位。

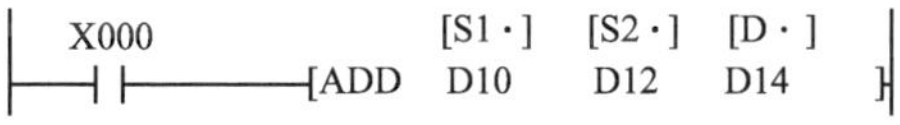

(a)加法指令连续执行 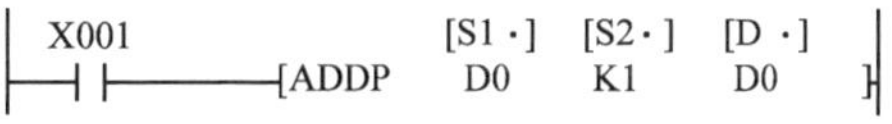　　　　　　　　　　　　　(b)加法指令脉冲执行

图 5-5　加法指令功能说明

PLC 综合应用技术

2. 减法指令 SUB(FNC21)

减法指令参数说明见表 5-5。

表 5-5   减法指令参数说明

指令名称	功能号/助记符	操作数		程序步长	备 注
		[S1·][S2·]	[D·]		
减法	FNC21 (D)SUB(P)	K、H、KnX、KnY、KnM、KnS、T、C、D、V、Z	KnY、KnM、KnS、T、C、D、V、Z	16 位:7 步 32 位:13 步	连续/脉冲执行

减法指令是将指定的源元件中[S1·]、[S2·]的二进制数相减,结果送到指定的目标元件[D·]中去。减法指令功能说明如图 5-6 所示。

如图 5-6(a)所示,当执行条件 X000=ON 时,(D10)-(D12)的结果送到(D14),执行一次运算,为 16 位指令运算。如图 5-6(b)所示为连续执行的 32 位减法指令运算,即当 X000=ON 时,(D11、D10)-(D13、D12)的结果送到(D15、D14),连续执行。运算是代数运算,例如,5-(-8)=13。

```
    X000                      [S1·] [S2·] [D·]              X000                      [S1·] [S2·] [D·]
    ├─┤ ┤                [SUBP  D10   D12   D14 ├           ├─┤ ┤                [DSUB   D10   D12   D14 ├
         (a) 减法指令脉冲执行                                      (b) 32位减法指令连续执行
```

图 5-6　减法指令功能说明

各种标志的动作、32 位运算中软元件的指定方法、连续执行型和脉冲执行型的差异等均与加法指令相同。

3. 乘法指令 MUL(FNC22)

乘法指令参数说明见表 5-6。

表 5-6   乘法指令参数说明

指令名称	功能号/助记符	操作数		程序步长	备 注
		[S1·][S2·]	[D·]		
乘法	FNC22 (D)MUL(P)	K、H、KnX、KnY、KnM、KnS、T、C、D、V、Z	KnY、KnM、KnS、T、C、D	16 位:7 步 32 位:13 步	连续/脉冲执行

乘法指令是将指定的源操作元件中[S1·]、[S2·]的二进制数相乘,结果送到指定的目标元件[D·]中去。乘法指令功能说明如图 5-7 所示。它分 16 位和 32 位两种运算。

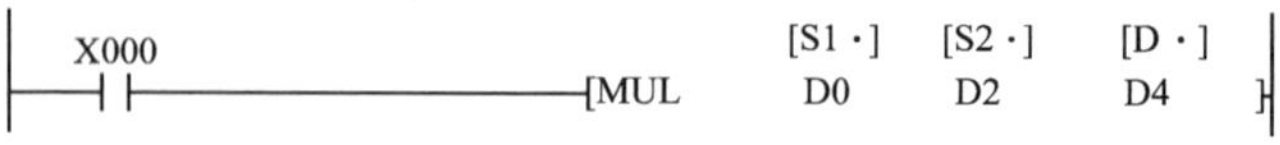

```
    X000                                      [S1·]    [S2·]    [D·]
    ├─┤ ┤                               [MUL   D0       D2       D4 ├
```

图 5-7　乘法指令功能说明

若为 16 位运算,当执行条件 X000=ON 时,(D0)×(D2)的结果送到(D5、D4)。源操作数是 16 位,目标操作数是 32 位。当(D0)=8,(D2)=9 时,(D5、D4)=72。最高位为符号位,0 为正,1 为负。

若为 32 位运算,当执行条件 X000＝ON 时,(D1、D0)×(D3、D2)的结果送到(D7、D6、D5、D4)。源操作数是 32 位,目标操作数是 64 位。当(D1、D0)＝150,(D3、D2)＝189 时,(D7、D6、D5、D4)＝28 350。最高位为符号位,0 为正,1 为负。

如将位组合元件用于目标操作数时,限于 K 的取值,只能得到低位 32 位的结果,不能得到高位 32 位的结果。这时,应将数据移入字元件再进行计算。

注意:当整数数据做乘 2 运算,相当于其二进制形式左移 1 位;做乘 4 运算,相当于其二进制形式左移 2 位;做乘 8 运算,相当于其二进制形式左移 3 位……即左移 n 位就相当于其二进制形式做乘 2^n 运算。

4. 除法指令 DIV(FNC23)

除法指令参数说明见表 5-7。

表 5-7　　　　　　　　　　　　　　　除法指令参数说明

指令名称	功能号/助记符	操作数		程序步长	备　注
		[S1·][S2·]	[D·]		
除法	FNC23 (D)DIV(P)	K、H、KnX、KnY、KnM、KnS、T、C、D、V、Z	KnY、KnM、KnS、T、C、D	16 位:7 步 32 位:13 步	连续/脉冲执行

除法指令是将指定的源操作元件中的二进制数相除,[S1·]为被除数,[S2·]为除数,商送到指定的目标元件[D·]中去,余数送到[D·]的下一个目标元件。除法指令功能说明如图 5-8 所示。它分 16 位和 32 位两种情况进行操作,具体应用如图 5-9 所示。

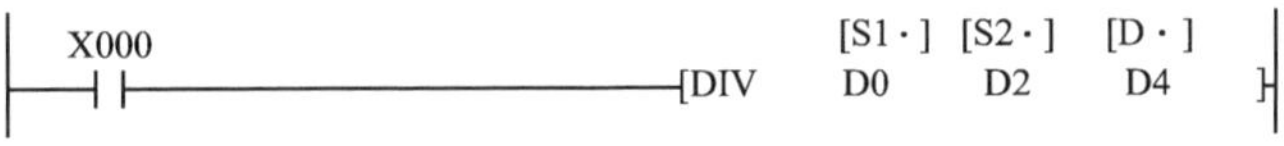

图 5-8　除法指令功能说明

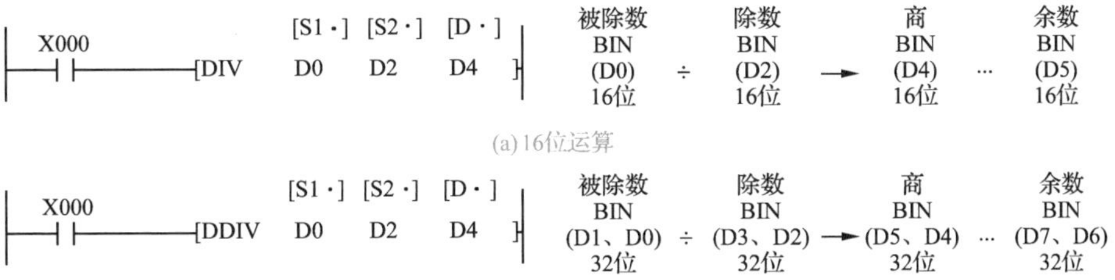

图 5-9　除法指令的应用

若为 16 位运算,当执行条件 X000＝ON 时,(D0)÷(D2)的结果送到(D4)。当(D0)＝19,(D2)＝3 时,(D4)＝6,(D5)＝1。V、Z 不能用于[D·]目标操作元件中。

若为 32 位运算,当执行条件 X000＝ON 时,(D1、D0)÷(D3、D2)的结果送到(D5、D4),余数在(D7、D6)中。V、Z 不能用于[D·]目标操作元件中。

除数为 0,运算错误,不执行指令。若[D·]指定位元件,得不到余数。

商和余数的最高位是符号位。被除数或余数中有一个为负数时,商为负数;被除数为负数时,余数为负数。

注意:当整数数据做除以 2 运算,相当于其二进制形式右移 1 位;做除以 4 运算,相当于其二进制形式右移 2 位;做除以 8 运算,相当于其二进制形式右移 3 位……即右移 n 位,就相当于其二进制形式做除以 2^n 运算。

5. 加 1 指令 INC(FNC24)

加 1 指令参数说明见表 5-8。

表 5-8 加 1 指令参数说明

指令名称	功能号/助记符	操作数 [D·]	程序步长	备 注
加 1	FNC24 (D)INC(P)	KnY、KnM、KnS、T、C、D、V、Z	16 位:3 步 32 位:5 步	连续/脉冲执行

加 1 指令功能说明如图 5-10 所示。当 X000=ON 时,由 [D·] 指定的元件 D10 中的二进制数自动加 1。

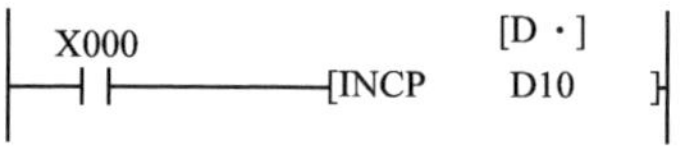

```
X000          [D·]
─┤ ├────────[INCP  D10 ]
```

图 5-10 加 1 指令功能说明

若用连续指令,每个扫描周期加 1。

16 位运算时,+32 767 再加 1 就变为 −32 768,但标志不置位。同样,在 32 位运算时,+2 147 483 647 再加 1 就变为 −2 147 483 648,标志也不置位。

6. 减 1 指令 DEC(FNC25)

减 1 指令参数说明见表 5-9。

表 5-9 减 1 指令参数说明

指令名称	功能号/助记符	操作数 [D·]	程序步长	备 注
减 1	FNC25 (D)DEC(P)	KnY、KnM、KnS、T、C、D、V、Z	16 位:3 步 32 位:5 步	连续/脉冲执行

减 1 指令功能说明如图 5-11 所示。当 X000=ON 时,由 [D·] 指定的元件 D10 中的二进制数自动减 1。

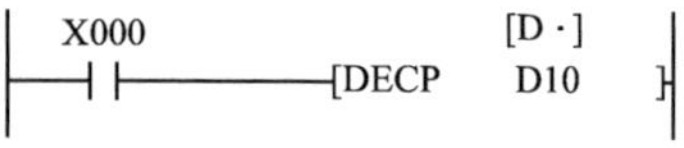

```
X000          [D·]
─┤ ├────────[DECP  D10 ]
```

图 5-11 减 1 指令功能说明

若用连续指令,每个扫描周期减 1。

16 位运算时,−32 768 再减 1 就变为 +32 767,但标志不置位。同样,在 32 位运算时,−2 147 483 648 再减 1 就变为 +2 147 483 647,标志也不置位。

7. 四则运算的应用

(1)四则运算实例

某控制程序中要进行以下算式的运算:

$$38X \div 255 + 2$$

式中,X 代表输入端口 K2X000 送入的二进制数,运算结果需送输出端口 K2Y000;X020 为启停开关。其控制梯形图如图 5-12 所示。

X020
0
MOVP K2X000 D0
X007~X000 → (D0)
MOVP K38 D1
常数K38 → (D1)
MOVP K255 D2
常数K255 → (D2)
MOVP K2 D3
常数K2 → (D3)
MULP D0 D1 D4
38X → (D4)
DIVP D4 D2 D5
38X/255 → (D5)
ADDP D5 D3 K2Y000
38X÷255+2 →Y007~Y000
END

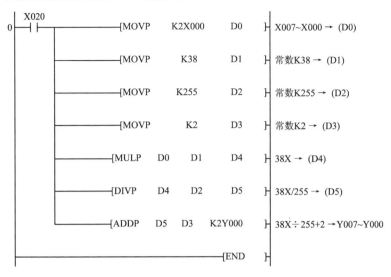

图 5-12 四则运算应用实例控制梯形图

(2)使用乘、除运算实现移位(扫描)控制

使用乘、除法指令实现灯组的移位循环。有一组灯 15 盏,接于 Y000～Y016,要求:当 X000 为 ON,灯正序每隔 1 s 单个移位,并循环;当 X001 为 ON 且 Y000 为 OFF 时,灯反序每隔 1 s 单个移位,至 Y000 为 ON 停止,控制梯形图如图 5-13 所示。

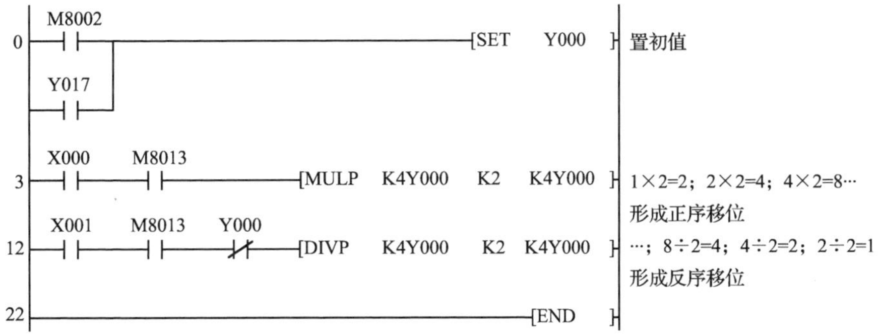

M8002
0
SET Y000
置初值
Y017
X000 M8013
3
MULP K4Y000 K2 K4Y000
1×2=2; 2×2=4; 4×2=8…
形成正序移位
X001 M8013 Y000
12
DIVP K4Y000 K2 K4Y000
…; 8÷2=4; 4÷2=2; 2÷2=1
形成反序移位
22
END

图 5-13 灯组移位控制梯形图

8. BCD 码交换指令 BCD(FNC18)

BCD 码交换指令参数说明见表 5-10。

表 5-10 BCD 码交换指令参数说明

指令名称	功能号/助记符	操作数		程序步长	备 注
		[S·]	[D·]		
BCD 码交换	FNC18 (D)BCD(P)	KnX、KnY、KnM、KnS、T、C、D、V、Z	KnY、KnM、KnS、T、C、D、V、Z	16 位:5 步 32 位:9 步	连续/脉冲执行

BCD 码交换指令是将源操作数中的二进制数变换成 BCD 码送至目标操作数中,如图 5-14 所示,当 X000 为 ON 时,将 D12 中的二进制数变换成 BCD 码送到输出继电器 Y007~ Y000 中。

图 5-14 BCD 码交换指令功能说明

使用 16 位 BCD 码交换指令时,若 BCD 码转换结果超过 9 999 的范围就会出错。同样, 使用 32 位 BCD 码交换指令时,若 BCD 码转换结果超过 99 999 999 的范围也会出错。

若将 PLC 的二进制数据转换成 BCD 码并用 LED 七段显示器显示,可用 BCD 码交换 指令。

9. 七段译码指令 SEGD(FNC73)

七段译码指令参数说明见表 5-11。

表 5-11　　　　　　　　　　　　　　　七段译码指令参数说明

指令名称	功能号/助记符	操作数		程序步长	备　注
		[S·]	[D·]		
七段译码指令	FNC73 SEGD(P)	K、H、KnX、KnY、KnM、KnS、T、C、D、V、Z	KnY、KnM、KnS、T、C、D、V、Z	16 位:5 步	连续/脉冲执行

七段译码指令功能说明如图 5-15 所示。

```
      X000                 [S·]   [D·]
 ─────┤ ├─────────[SEGD    D0     K2Y000 ]─────
```

图 5-15 七段译码指令功能说明

[S·]指定元件的低 4 位(只用低 4 位)所确定的十六进制数(0~F)经译码驱动七段显 示器,译码数据存于[D·]指定的元件中,[D·]的高 8 位保持不变。

任务实施

1. 控制要求

某停车场最多可停车 50 辆,用 2 位数码管显示停车数量。用出入传感器检测进出车辆 数,每进一辆车停车数量增 1,每出一辆车停车数量减 1。场内停车数量小于 45 时,入口处 绿灯亮,允许入场;大于或等于 45,但小于 50 时,绿灯闪亮,提醒待进场车辆司机注意将满 场;等于 50 时,红灯亮,禁止车辆入场。

2. 任务目的

(1)灵活运用四则逻辑运算指令。

(2)正确使用七段译码指令。

(3)巩固比较指令的使用。

3. 控制要求分析

停车场停车数量最多可达到 50 辆,其数字显示要使用两个数码管。驱动两个数码管要使用 14 点输出继电器,实际占用 16 点输出继电器,十位显示使用 K2Y000,个位显示使用 K2Y010。程序设计时要解决好的关键问题是个位向十位进位,十位向个位减位。

4. 实施设备

FX$_{2N}$-64MR PLC	1 台;
数码显示板	1 块;
光电传感器	2 个;
直流电源	1 台。

5. 设计步骤

(1)I/O 信号分配见表 5-12。

表 5-12　　　　　　　　　　　　任务 2 I/O 信号分配

输入(I)			输出(O)		
元　件	功　能	信号地址	元　件	功　能	信号地址
传感器 IN	进车检测	X000	数码管	显示十位数	Y006～Y000
传感器 OUT	出车检测	X001	数码管	显示个位数	Y016～Y010
			绿灯	允许信号	Y020
			红灯	禁行信号	Y021

(2)梯形图如图 5-16 所示。

(3)PLC 的外部接线图如图 5-17 所示。

6. 程序讲解

PLC 从 STOP 状态转换到 RUN 状态时,程序对 D0 清零。

传感器检测到车辆进出,变量寄存器 D0 的数据增加或减少。

将 D0 编译为 BCD 码存入 D2 中。SEGD 指令将 D2 的低 4 位编译为七段显示码送个位数码管显示;D2 执行除以 16 的除法运算,相当于将 D2 数据右移 4 位,即高 4 位移到低 4 位,结果存入 D10 中。SEGD 指令将 D10 的低 4 位数据编译为七段显示码送十位数码管显示。

如果停车数量小于 45,绿灯常亮,允许车辆入场;如果停车数量大于或等于 45 而小于

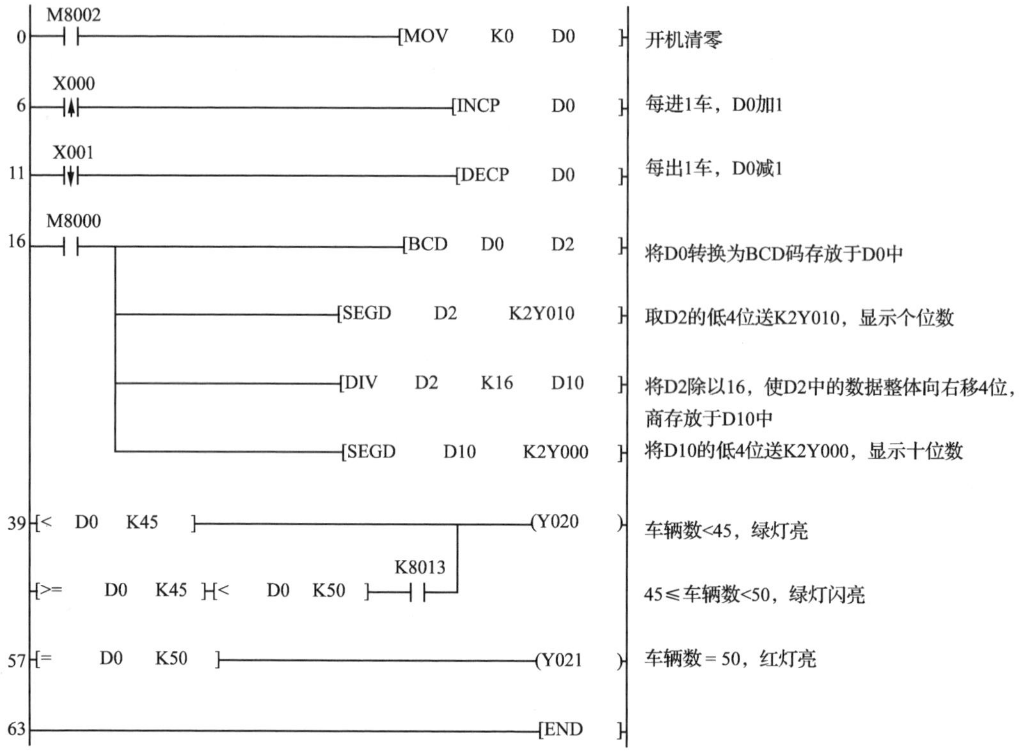

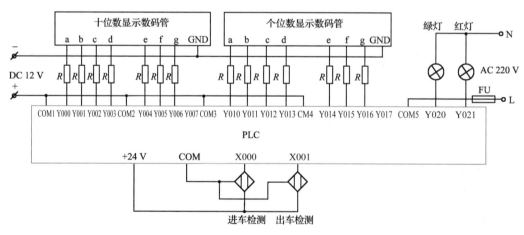

M8002
0 [MOV K0 D0]
开机清零
X000
6 [INCP D0]
每进1车，D0加1
X001
11 [DECP D0]
每出1车，D0减1
M8000
16 [BCD D0 D2]
将D0转换为BCD码存放于D0中
[SEGD D2 K2Y010]
取D2的低4位送K2Y010，显示个位数
[DIV D2 K16 D10]
将D2除以16，使D2中的数据整体向右移4位，商存放于D10中
[SEGD D10 K2Y000]
将D10的低4位送K2Y000，显示十位数
39 [< D0 K45] (Y020)
车辆数<45，绿灯亮
K8013
[>= D0 K45] [< D0 K50]
45≤车辆数<50，绿灯闪亮
57 [= D0 K50] (Y021)
车辆数＝50，红灯亮
63 [END]

图 5-16 任务 2 梯形图

十位数显示数码管
a b c d e f g GND
个位数显示数码管
a b c d e f g GND
绿灯 红灯
N
AC 220 V
FU
L
−
DC 12 V
+
R
COM1 Y000 Y001 Y002 Y003 COM2 Y004 Y005 Y006 Y007 COM3 Y010 Y011 Y012 Y013 CM4 Y014 Y015 Y016 Y017 COM5 Y020 Y021
PLC
+24 V COM X000 X001
进车检测 出车检测

图 5-17 任务 2 PLC 的外部接线图

50，绿灯闪亮，提醒注意满场；如果停车数量等于 50，红灯亮，禁止车辆入场。

7. 运行调试

（1）将指令程序输入 PLC 主机，运行调试并验证程序的正确性。

（2）按图 5-17 完成 PLC 的外部接线图。

（3）在老师的指导下，分析可能出现故障的原因。

1. 变址寄存器

(1)变址寄存器的形式

变址寄存器同普通的数据寄存器一样,是进行数据读/写的寄存器,字长为 16 位,共有16 个,分别为 V0~V7 和 Z0~Z7,如图 5-18(a)所示。

变址寄存器在功能指令操作中,可以与其他的软元件编号或数值组合使用。V、Z 自身也可以组合成 32 位数据寄存器,如图 5-18(b)所示。

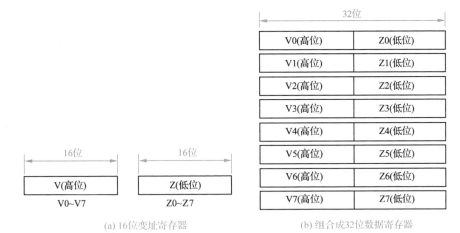

(a) 16位变址寄存器　　(b) 组合成32位数据寄存器

图 5-18　变址寄存器的组合状态

变址寄存器的内容与软元件组合,可以改变软元件的地址。可以利用变址寄存器变址的软元件是 X、Y、M、S、T、P、C、D、K、H、KnX、KnY、KnM、KnS 等。例如,若 V=6,则K20V 为 K20+6=K26;若 V=7,则 K20V 变为 K20+7=K27。

变址寄存器的使用实例如图 5-19 所示。当 V=9,Z=12 时,D5V =D5+9=D14;D10Z=D10+12=D22。当 X000=ON 时,则数据寄存器 D14 中的数据传给数据寄存器 D22。

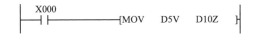

图 5-19　变址寄存器的使用实例

注意:在处理 16 位指令时,可以任意选用 V 和 Z 变址寄存器,而在处理 32 位功能指令中的软元件或处理超过 16 位范围的数值时,必须使用 Z0~Z7。

(2)变址寄存器有关参数的修改

①数据寄存器编号的修改

● 16 位指令操作数的修改:如图 5-20(a)所示,当 X000=ON 或 X000=OFF 时,将 K0或 K10 的内容向变址寄存器 V0 传送。若 X001 接通,则当 V0=0 时,(D0+0=D0),将

K500 的内容向 D0 传送;当 V0＝10 时,将(D0＋10＝D10),K500 的内容向 D10 传送。

● 32 位指令操作数的修改:如图 5-20(b)所示,因为(D)MOV 指令是 32 位操作的功能指令,则在该指令中使用的变址寄存器也必须指定为 32 位,所以应指定变址寄存器的低位 Z(Z0～Z7),高位 V(V0～V7)自动包含其中。

注意:即使 Z 中写入的数值不超过 16 位的数值范围(0～32 767),也必须用 32 位的指令将 V、Z 两值改写。如果只写入 Z 侧,则在 V 侧留有其他数值,会使数值产生运算错误。

②常数 K 的修改

常数 K 的修改情况也同软元件编号的修改一样。如图 5-20(c)所示,若 X005＝ON,则当 V5＝0 时,K6V5＝K6(K6＋0＝K6),将 K6 的内容向 D10 传送;当 V5＝20 时,K6V5＝K26(K6＋20＝K26),将 K26 的内容向 D10 传送。

③输入/输出继电器的修改

如图 5-20(d)所示,用 MOV 指令变址,可改变输入,使输入变换成 X007～X000 或 X017～X010 送至输出端 Y007～Y000。

当 X010＝ON 时,K0 传给 V3;当 X011＝ON 时,K8 传给 V3。这种变换是将变址值 0、8 通过八进制的运算(X000＋0＝X000),(X000＋8＝X010),确定软元件编号,使输入端子发生变化。

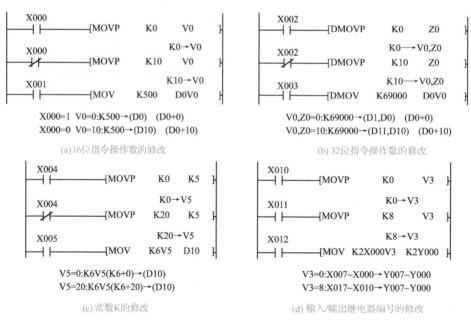

图 5-20 变址寄存器参数修改实例

2. 彩灯亮、灭循环控制

本彩灯功能用加 1、减 1 指令及变址寄存器完成彩灯正序亮至全亮,反序熄灭至全熄灭的循环变化。

彩灯状态变化的时间单元为 1 s,用 M8013 实现。彩灯亮、灭循环控制梯形图如图 5-22 所示,图中 X001 为彩灯的控制开关,彩灯共 12 盏。

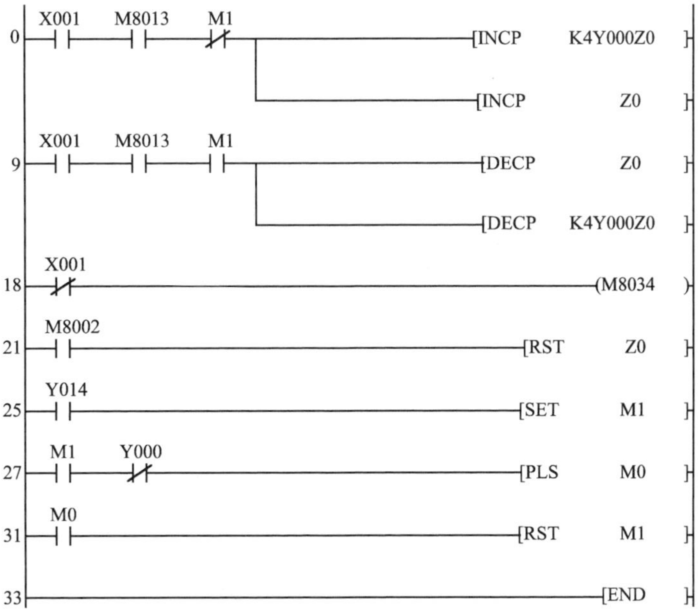

图 5-22　彩灯亮、灭循环控制梯形图

能力测试

（1）说明变址寄存器 V 和 Z 的作用。当 $V=10$，$Z=2$ 时，K20V、D5V、Y010Z 和 K4X000Z 的含义各是什么？

（2）设计一段程序：当输入条件满足时，依次将计数器 C0～C9 的当前值转换成 BCD 码，送到输出元件 K4Y000 中。（提示：用一个变址寄存器 Z，首先 0→(Z)，每次 (C0Z)→K4Y000，(Z)+1→(Z)；当 (Z)=9 时，Z 复位，再从头开始。）

（3）用 PLC 实现带时间显示的十字路口交通灯的控制。控制要求见表 5-13，并带上数码管显示时间。

表 5-13　　　　　　　　　　　　　　　交通灯控制要求

东西向	绿灯 Y000	绿灯 Y000 闪烁	黄灯 Y001	红灯 Y002		
	20 s	ON 0.5 s,OFF 0.5 s,2 次	2 s			
南北向	红灯 Y003			绿灯 Y004	绿灯 Y004 闪烁	黄灯 Y005
				30 s	ON 0.5 s,OFF 0.5 s,2 次	2 s

6

项目 6
PLC对灯、数码管、电动机的综合控制

任　务　PLC 对 5 层电梯的控制

任务引入

　　电梯是高层建筑中应用极为普遍的垂直交通工具,是机电合一的大型工业产品。随着电梯运行速度、平层精度、舒适感、安全保护等技术指标的不断提高,人们乘坐电梯越来越快捷、方便。

　　电梯具有复杂的电气控制系统,PLC 的出现为电梯的控制提供了许多新的思路和方法,本任务以 5 层电梯为例讲解其控制方法。

任务分析

　　各种电梯都具有相当复杂的逻辑关系,大部分为开关量信号。目前,国内大部分中、低速电梯都采用 PLC 控制系统实现控制。

　　要完成本任务,必须具备以下知识:
　　(1)熟悉电梯各部件的功能。
　　(2)了解电梯的控制要求。
　　(3)掌握电梯各控制部分的程序设计方法。

相关知识

1. 电梯的种类和各部件功能

(1)电梯的种类

　　电梯的种类相当多,按用途分为乘客电梯、载货电梯、客货电梯、医用电梯、住宅电梯、杂

物(不许乘人)电梯、观光电梯、自动扶梯等;按速度分为低速电梯(1 m/s 以下)、中速电梯(1~2 m/s)、高速电梯(2 m/s 以上);按拖动方式分为交流电梯、直流电梯、液压电梯、齿轮齿条电梯等;按控制方式分为手柄操作电梯、按钮操作电梯、有司机信号控制电梯、无司机自动集选控制电梯、群控电梯、多程序电梯、智能电梯等。

(2)自动集选控制电梯各部件功能

电梯的控制部件分布于电梯轿厢内部和外部。以 5 层电梯为例,电梯轿厢内部包含以下部件:5 个楼层(1~5 层)的按钮,称为内呼叫按钮;开门和关门按钮;楼层显示器(指明当前电梯轿厢所处的位置);上升和下降显示器(用来显示电梯现在所处的状态,即电梯是上升还是下降)。

电梯轿厢外部共分 5 层,每层都包含以下部件:外呼叫按钮(乘客用来发出呼叫的工具),分为上呼叫按钮和下呼叫按钮;呼叫指示灯;楼层显示器;上升和下降显示器。5 层电梯中,1 层只有上呼叫按钮,5 层只有下呼叫按钮,其余 3 层都同时具有上呼叫按钮和下呼叫按钮。而楼层显示器及上升和下降显示器每层都相同。

2. 电梯的控制要求

(1)当电梯运行到指定位置后,在电梯内部按动开门按钮,则电梯轿厢门打开;按动关门按钮,则电梯轿厢门关闭。但在电梯运行期间电梯轿厢门不能被打开。

(2)接收每个呼叫按钮(包括内呼叫和外呼叫)的呼叫命令,并对每个呼叫都能做出响应。

(3)电梯停在某一层,如 3 层,此时按动 3 层的外呼叫按钮(上呼叫或下呼叫),则相当于发出打开电梯门命令,进行开门的动作过程;若此时电梯的轿厢不在该楼层(在 1、2、4 或 5 层),则该层厅门不打开,电梯按照不换向原则控制电梯向上或向下运行。

(4)电梯运行的不换向原则是指电梯优先响应不改变现在电梯运行方向的呼叫,直到这些命令全部响应完毕后才响应使电梯反方向运行的呼叫。例如,现在电梯的位置在 2 层和 3 层之间上升,此时出现了 1 层上呼叫、2 层下呼叫和 3 层上呼叫,则电梯首先响应 3 层上呼叫,然后再依次响应 2 层下呼叫和 1 层上呼叫。

(5)电梯在每一层都有一个行程开关,当电梯碰到某层的行程开关时,表示电梯已经到达该层。

(6)当按动某个呼叫按钮后,相应的呼叫指示灯亮并保持,直到电梯响应该呼叫为止。

任务实施

1. 5 层模拟电梯的组成

(1)电梯的曳引电动机和轿厢门驱动(开门或关门)电动机。

(2)电梯各楼层的外呼叫按钮及指示灯。

(3)轿厢内的内呼叫按钮及指示灯,电梯轿厢内的开门按钮和关门按钮及指示灯。

（4）电梯运行的上升和下降指示灯。

（5）显示楼层的数码管。

（6）各楼层的行程开关。

2. PLC 控制的电梯 I/O 信号分配

I/O 信号分配见表 6-1。内部辅助继电器使用分配见表 6-2。

表 6-1　　　　　　　　　　　　　　　　　I/O 信号分配

输入（I）			输出（O）		
元 件	功 能	信号地址	元 件	功 能	信号地址
SB1	1 层上呼叫按钮	X005	KA1	控制轿厢下降	Y001
SB2	2 层下呼叫按钮	X006	KA2	控制轿厢上升	Y002
SB3	2 层上呼叫按钮	X007	KA3	控制轿厢门打开	Y003
SB4	3 层下呼叫按钮	X010	KA4	控制轿厢门关闭	Y004
SB5	3 层上呼叫按钮	X011	L1	1 层上呼叫指示灯	Y005
SB6	4 层下呼叫按钮	X012	L2	2 层下呼叫指示灯	Y006
SB7	4 层上呼叫按钮	X013	L3	2 层上呼叫指示灯	Y007
SB8	5 层下呼叫按钮	X014	L4	3 层下呼叫指示灯	Y010
SQ1	1 层行程开关	X015	L5	3 层上呼叫指示灯	Y011
SQ2	2 层行程开关	X016	L6	4 层下呼叫指示灯	Y012
SQ3	3 层行程开关	X017	L7	4 层上呼叫指示灯	Y013
SQ4	4 层行程开关	X020	L8	5 层下呼叫指示灯	Y014
SQ5	5 层行程开关	X021	数码管	数码管 a 段显示	Y015
SQ6	下极限行程开关	X022	数码管	数码管 b 段显示	Y016
SB9	1 层内呼叫按钮	X023	数码管	数码管 c 段显示	Y017
SB10	2 层内呼叫按钮	X024	数码管	数码管 d 段显示	Y020
SB11	3 层内呼叫按钮	X025	数码管	数码管 e 段显示	Y021
SB12	4 层内呼叫按钮	X026	数码管	数码管 f 段显示	Y022
SB13	5 层内呼叫按钮	X027	数码管	数码管 g 段显示	Y023
SB14	开门按钮	X030	L9	上升指示灯	Y024
SB15	关门按钮	X031	L10	下降指示灯	Y025
			L11	1 层内呼叫指示灯	Y026
			L12	2 层内呼叫指示灯	Y027
			L13	3 层内呼叫指示灯	Y030
			L14	4 层内呼叫指示灯	Y031
			L15	5 层内呼叫指示灯	Y032
			L16	开门指示灯	Y033
			L17	关门指示灯	Y034

表 6-2　　　　　　　　　　　内部辅助继电器使用分配

功　能	信号地址	功　能	信号地址
1 层继电器	M0	上升选层继电器	M5
2 层继电器	M1	下降选层继电器	M6
3 层继电器	M2	自动开门继电器	M7
4 层继电器	M3	控制开门时间继电器	M8
5 层继电器	M4		

3. PLC 的外部接线

外部信号采集电路、拖动电路、门电路及显示电路连接如图 6-1 所示。

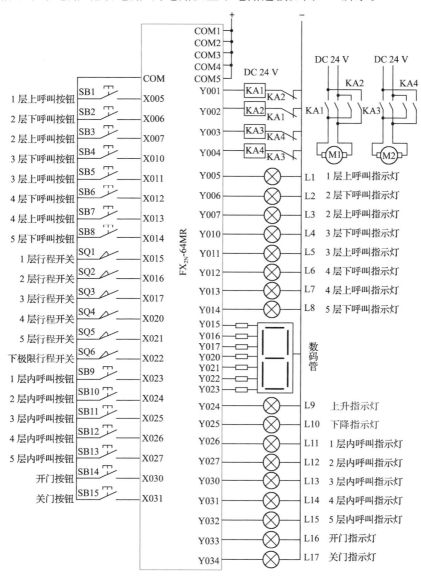

图 6-1　PLC 的外部接线

PLC 综合应用技术

4. 电梯控制梯形图的设计

(1)电梯运行方向显示程序

电梯运行方向显示程序的作用是根据目前电梯的位置和呼叫的情况,决定电梯的运行方向是向上或是向下,包括电梯上升显示程序和下降显示程序。

电梯运行方向的选择,实际就是将呼叫的位置与电梯实际位置相比较。根据比较结果决定电梯的运行方向。电梯上升、下降显示程序如图 6-2 所示。

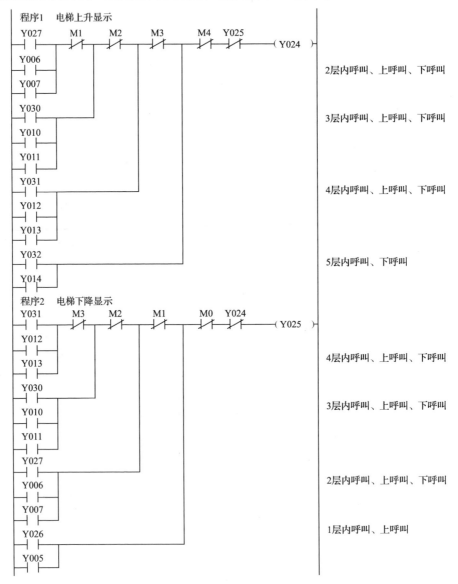

图 6-2　电梯上升、下降显示程序

以电梯上升显示程序为例进行说明,乘客只有在 2、3、4、5 层呼叫电梯时,才有可能涉及电梯的上升,故程序设计时要将每种情况都考虑到,分析发现有以下 4 种情况:电梯轿厢在

1层时,在2、3、4、5层呼叫电梯的情况;电梯轿厢在2层时,在3、4、5层呼叫电梯的情况;电梯轿厢在3层时,在4、5层呼叫电梯的情况;电梯轿厢在4层时,在5层呼叫电梯的情况。在2、3、4层要考虑内呼叫、上呼叫、下呼叫,在5层则只需考虑内呼叫、下呼叫。电梯上升显示程序即根据这种原则进行设计。

(2)电梯选层程序

电梯运行中,在有些楼层停,在有些楼层不停,这是由电梯选层程序决定的。电梯的选层分为内呼叫选层和外呼叫选层。其中,内呼叫选层是绝对的,即若电梯运行正常,电梯一定能在内呼叫所选的层停止。外呼叫选层是有条件的,即外呼叫选层必须满足呼叫与电梯运行方向同向,电梯才能在外呼叫所选的楼层停止,即所谓"顺向截车"。电梯选层程序分电梯上升选层程序和电梯下降选层程序。电梯上升选层程序如图6-3所示,电梯下降选层程序如图6-4所示。

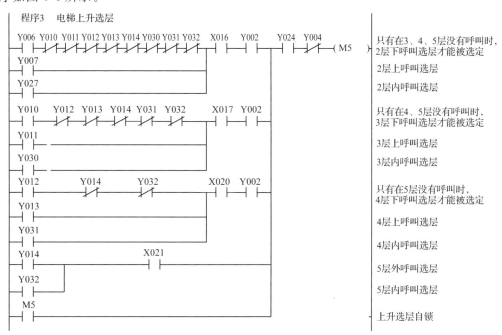

图6-3 电梯上升选层程序

(3)电梯上升与下降控制程序

电梯的上升与下降是在轿厢门关闭,有上升或下降显示输出,有上升或下降呼叫,并且没有停层信号发出的情况下才执行的。电梯上升与下降控制程序如图6-5所示。

(4)电梯开门和关门程序

电梯开门和关门必须是在电梯不上升或不下降,并且到达呼叫楼层的情况下后才能进行的。

因为使用的是电梯模型,故开门、关门都是用时间控制的,并且轿厢门打开后,也不能马上关闭,必须等待一定时间才能启动关门程序。电梯开门程序如图6-6所示,电梯关门程序如图6-7所示。

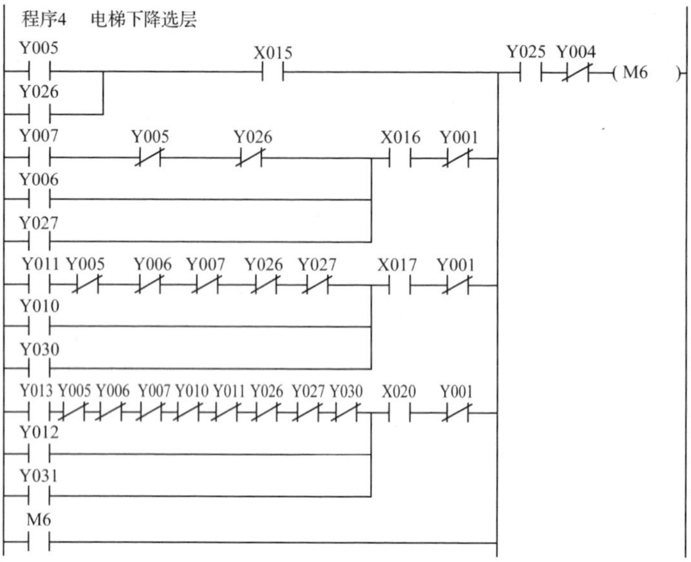

PLC 综合应用技术

程序4　电梯下降选层

| Y005 | X015 | Y025 Y004 —(M6) | 1层外呼叫选层 |

Y026　1层内呼叫选层

Y007　Y005　Y026　X016　Y001　只有在1层没有呼叫时，2层上呼叫选层才能被选定

Y006　2层下呼叫选层

Y027　2层内呼叫选层

Y011 Y005　Y006　Y007　Y026　Y027　X017　Y001　只有在1、2层没有呼叫时，3层上呼叫选层才能被选定

Y010　3层下呼叫选层

Y030　3层内呼叫选层

Y013 Y005 Y006　Y007 Y010 Y011 Y026 Y027 Y030　X020　Y001　只有在1、2、3层没有呼叫时，4层上呼叫选层才能被选定

Y012　4层下呼叫选层

Y031　4层内呼叫选层

M6　下降选层自锁

图 6-4　电梯下降选层程序

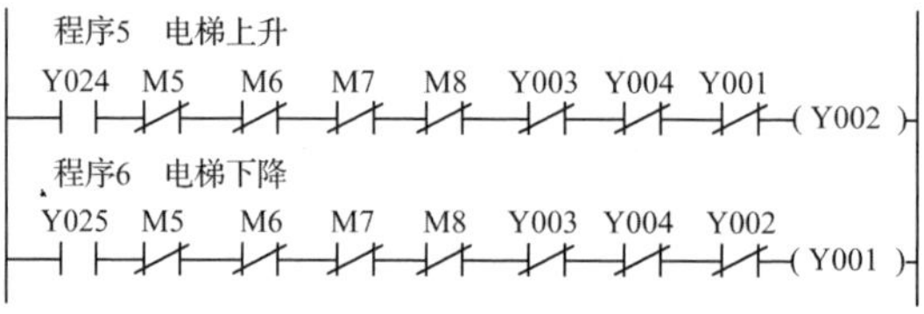

程序5　电梯上升

Y024 M5　M6　M7　M8　Y003　Y004　Y001 —(Y002)

程序6　电梯下降

Y025 M5　M6　M7　M8　Y003　Y004　Y002 —(Y001)

图 6-5　电梯上升与下降控制程序

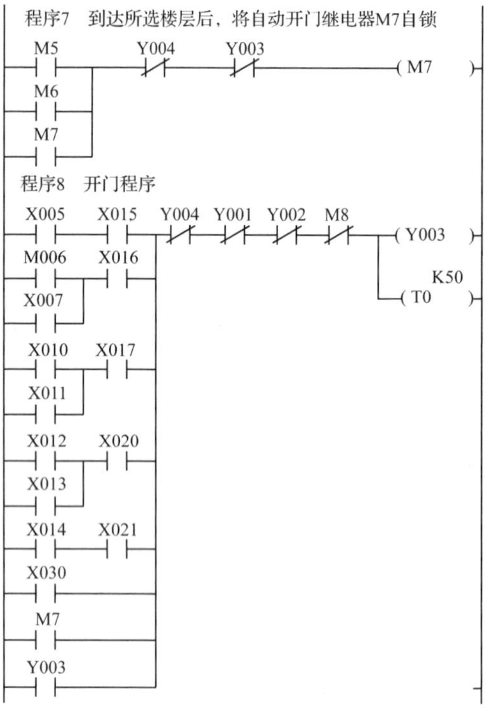

程序7　到达所选楼层后，将自动开门继电器M7自锁

M5　Y004　Y003 —(M7)

M6

M7

程序8　开门程序

X005　X015　Y004 Y001 Y002 M8 —(Y003)

M006　X016

X007

X010　X017　K50 —(T0)

X011

X012　X020

X013

X014　X021

X030

M7

Y003

图 6-6　电梯开门程序

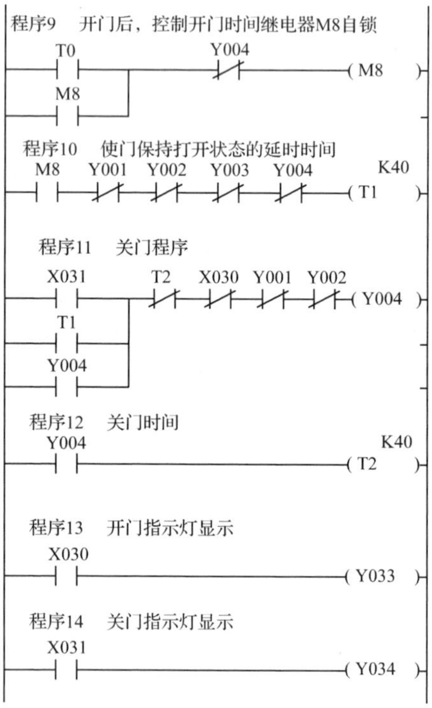

程序9　开门后，控制开门时间继电器M8自锁

T0　Y004 —(M8)

M8

程序10　使门保持打开状态的延时时间

M8　Y001 Y002 Y003 Y004　K40 —(T1)

程序11　关门程序

X031　T2　X030 Y001 Y002 —(Y004)

T1

Y004

程序12　关门时间

Y004　K40 —(T2)

程序13　开门指示灯显示

X030 —(Y033)

程序14　关门指示灯显示

X031 —(Y034)

图 6-7　电梯关门程序

(5)电梯楼层显示程序

电梯楼层显示是通过厅门旁边的数码管来显示电梯轿厢的位置。当轿厢碰到楼层的行程开关后,程序便驱动数码管显示相应的楼层数。电梯楼层显示程序如图 6-8 所示。

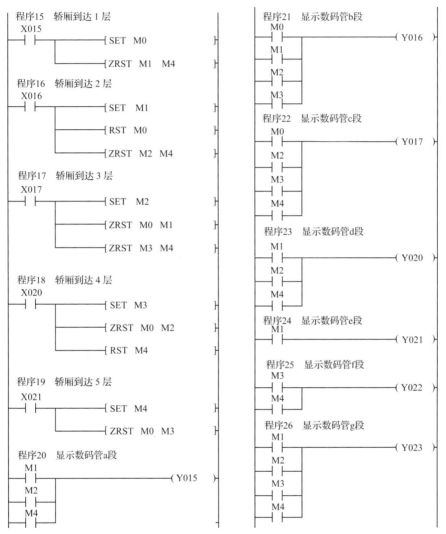

图 6-8 电梯楼层显示程序

(6)电梯外呼叫程序

除两个端站外,其他各层均有两个外呼叫按钮,而且呼叫的响应是顺序响应。当有乘客在电梯外的某一层按下外呼叫按钮后,相应的输入触点闭合,同时所对应的指示灯亮,说明有人呼叫,呼叫信号(与电梯运行方向相同的呼叫信号)会一直保持到电梯到达该楼层为止,但与电梯运行方向不同的呼叫信号保留。电梯外呼叫程序如图 6-9 所示。

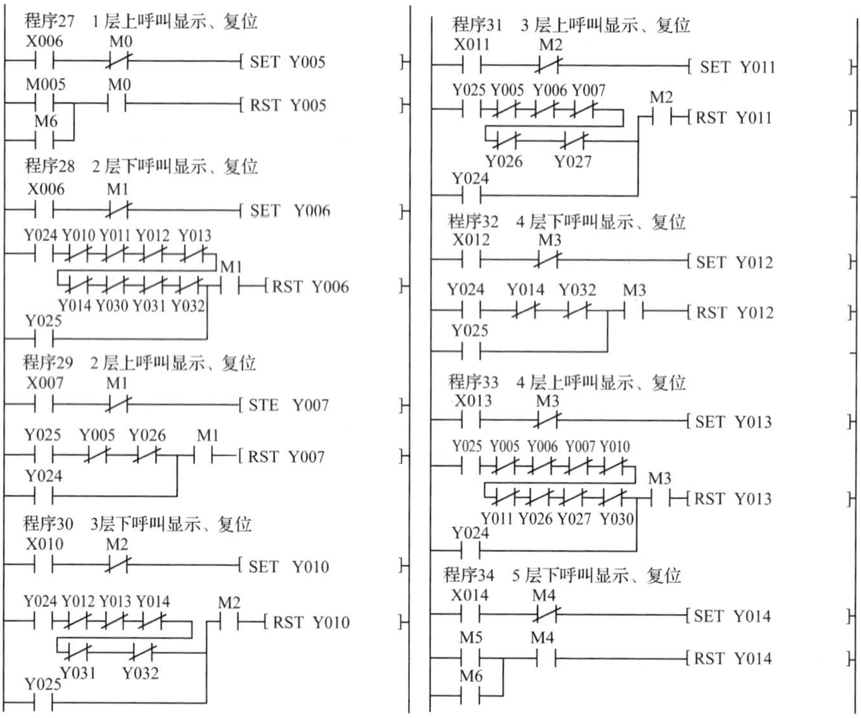

PLC 综合应用技术

程序27 1层上呼叫显示、复位
```
X006   M0
─┤├────┤/├──────────[SET Y005
M005   M0
─┤├────┤/├──────────[RST Y005
M6
─┤├
```

程序28 2层下呼叫显示、复位
```
X006   M1
─┤├────┤/├──────────[SET Y006
Y024 Y010 Y011 Y012 Y013
─┤/├─┤/├─┤/├─┤/├─┤/├──┐ M1
Y014 Y030 Y031 Y032   ├──┤├──[RST Y006
─┤/├─┤/├─┤/├─┤/├──────┘
Y025
─┤/├
```

程序29 2层上呼叫显示、复位
```
X007   M1
─┤├────┤/├──────────[STE Y007
Y025  Y005  Y026   M1
─┤/├──┤/├──┤/├──────┤├──[RST Y007
Y024
─┤/├
```

程序30 3层下呼叫显示、复位
```
X010   M2
─┤├────┤/├──────────[SET Y010
Y024 Y012 Y013 Y014   M2
─┤/├─┤/├─┤/├─┤/├──┐ ├──┤├──[RST Y010
Y025 Y031 Y032    │
─┤/├─┤/├─┤/├──────┘
```

程序31 3层上呼叫显示、复位
```
X011   M2
─┤├────┤/├──────────[SET Y011
Y025 Y005 Y006 Y007   M2
─┤/├─┤/├─┤/├─┤/├──┐ ├──┤├──[RST Y011
Y026  Y027        │
─┤/├──┤/├─────────┘
Y024
─┤/├
```

程序32 4层下呼叫显示、复位
```
X012   M3
─┤├────┤/├──────────[SET Y012
Y024  Y014  Y032   M3
─┤/├──┤/├──┤/├──────┤├──[RST Y012
Y025
─┤/├
```

程序33 4层上呼叫显示、复位
```
X013   M3
─┤├────┤/├──────────[SET Y013
Y025 Y005 Y006 Y007   M3
─┤/├─┤/├─┤/├─┤/├──┐ ├──┤├──[RST Y013
Y011 Y026 Y027 Y030│
─┤/├─┤/├─┤/├─┤/├───┘
Y024
─┤/├
```

程序34 5层下呼叫显示、复位
```
X014   M4
─┤├────┤/├──────────[SET Y014
M5    M4
─┤├───┤/├───────────[RST Y014
M6
─┤├
```

图 6-9 电梯外呼叫程序

(7)电梯内呼叫程序

电梯内部的 5 个呼叫按钮指定的是电梯的运行目标。在电梯未到达指定目标时,该层指示灯应一直有显示。只有当电梯到达指定楼层时,指示灯才灭掉。电梯内呼叫程序如图 6-10 所示。

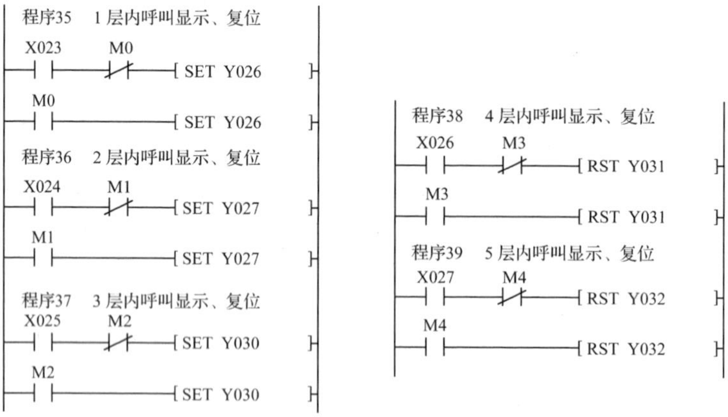

程序35 1层内呼叫显示、复位
```
X023   M0
─┤├────┤/├──────────[SET Y026
M0
─┤├────────────────[SET Y026
```

程序36 2层内呼叫显示、复位
```
X024   M1
─┤├────┤/├──────────[SET Y027
M1
─┤├────────────────[SET Y027
```

程序37 3层内呼叫显示、复位
```
X025   M2
─┤├────┤/├──────────[SET Y030
M2
─┤├────────────────[SET Y030
```

程序38 4层内呼叫显示、复位
```
X026   M3
─┤├────┤/├──────────[RST Y031
M3
─┤├────────────────[RST Y031
```

程序39 5层内呼叫显示、复位
```
X027   M4
─┤├────┤/├──────────[RST Y032
M4
─┤├────────────────[RST Y032
```

图 6-10 电梯内呼叫程序

能力测试

应用逻辑指令设计 4 层电梯的运行程序。

项目 7
PLC对模拟量的控制

任务1 PLC 对模拟量的采集

任务引入

在过程控制系统中,需要对温度、压力、流量等模拟量进行采集、运算,然后根据运算结果实施对系统的控制。但 PLC 的基本单元只能对数字量进行控制,如何实施对模拟量的控制? 这需要引入 PLC 的特殊功能模块 FX_{2N}-4AD。

任务分析

为了让 PLC 的基本单元能处理模拟量,必须要将采集的模拟量转化成数字量,然后传给 PLC 基本单元进行处理。要完成本任务,必须具备以下知识:

(1)熟悉模拟量输入模块 FX_{2N}-4AD 的性能指标及使用方法。

(2)掌握模拟量输入模块采集模拟量的程序编写方法。

相关知识

1. **特殊功能模块数据读/写指令**

(1)特殊功能模块数据读指令 FROM(FNC78)

特殊功能模块数据读指令参数说明见表 7-1。

表 7-1 　　　　　　　　　　特殊功能模块数据读指令参数说明

指令名称	功能号/助记符	操作数				程序步长	备　注
		$m1$	$m2$	$[D\cdot]$	n		
特殊功能模块数据读指令	FNC78 (D)FROM(P)	K、H $m1=0\sim7$	K、H $m2=0\sim31$	KnY、KnM、KnS、T、C、D、V、Z	K、H $n=1\sim32$	16 位:9 步 32 位:17 步	连续/脉冲执行

如图 7-1 所示为特殊功能模块数据读指令功能说明。

图 7-1 　特殊功能模块数据读指令功能说明

当 X001＝ON,特殊功能模块数据读指令 FROM 开始执行,将从编号为 $m1$ 的特殊功能模块内的缓冲寄存器(BFM)编号为 $m2$ 开始的 n 个数据读入 PLC 基本单元,并存入 $[D\cdot]$ 指定元件中的 n 个数据寄存器中。

$m1$ 是特殊功能模块号:$m1=0\sim7$。

$m2$ 是缓冲寄存器首元件号:$m2=0\sim31$。

n 是待传送数据的字数:$n=1\sim32$。

接在 FX_{2N} 基本单元右边扩展总线上的功能模块(如模拟量输入单元、模拟量输出单元、高速计数器单元等)从最靠近基本单元那个开始,顺次编号为 $0\sim7$,如图 7-2 所示。

基本单元 FX_{2N}-64MR	特殊功能模块 FX_{2N}-4AD	输出模块 FX_{2N}-16EYT	特殊功能模块 FX_{2N}-1HC	特殊功能模块 FX_{2N}-4DA
	0		1	2

图 7-2 　功能模块连接编号

图 7-2 中,特殊功能模块 FX_{2N}-4AD 是 4 通道模拟量输入模块,编号为 0;特殊功能模块 FX_{2N}-1HC 是二相 50 Hz 高速计数模块,编号为 1;特殊功能模块 FX_{2N}-4DA 是 4 通道模拟量输出模块,编号为 2;输出模块 FX_{2N}-16EYT 是扩展单元,不能占用编号。

特殊功能模块的缓冲寄存器 BFM 和 PLC 基本单元 CPU 字元件的传送如图 7-3 所示。

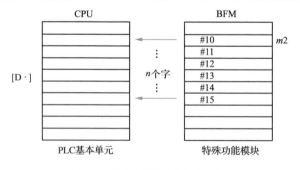

图 7-3 　特殊功能模块数据读操作

(2)特殊功能模块数据写指令 TO(FNC79)

特殊功能模块数据写指令参数说明见表 7-2。

指令名称	功能号/助记符	操作数				程序步长	备 注
		$m1$	$m2$	[D·]	n		
特殊功能模块数据写指令	FNC79 (D)TO(P)	K、H $m1=0\sim7$	K、H $m2=0\sim31$	KnY、KnM、KnS、T、C、D、V、Z	K、H $n=1\sim32$	16 位：9 步 32 位：17 步	连续/脉冲执行

特殊功能模块数据写指令是 PLC 对特殊功能模块缓冲寄存器 BFM 写入数据的指令。如图 7-4 所示为特殊功能模块数据写指令功能说明。

图 7-4   特殊功能模块数据写指令功能说明

当 X000＝ON 时，执行该指令，即将 PLC 的 K4M0(M15～M0)16 位作为传送源数据送至 1 号特殊功能模块的 BFM♯29 中，传送字数为 1 个。

$m1$ 是特殊功能模块号：$m1=0\sim7$。

$m2$ 是缓冲寄存器首元件号：$m2=0\sim31$。

n 是待传送数据的字数：$n=1\sim32$(16 位)；$n=1\sim16$(32 位)。

在 FROM 和 TO 指令执行过程中，PLC 用户可立即中断，也可以等到限时输入/输出指令完成才中断。这是通过控制特殊辅助继电器 M8028 来完成的。若 M8028＝ON，则允许中断；若 M8028＝OFF，则禁止中断，输入中断或定时器中断将不能被执行。

2. 模拟量输入模块 FX$_{2N}$-4AD

(1)FX$_{2N}$-4AD 的电路接线

FX$_{2N}$-4AD 是模拟量输入模块，有 4 个输入通道，分别为通道 1(CH1)、通道 2(CH2)、通道 3(CH3)、通道 4(CH4)。每一个通道都可进行 A/D 转换，即将模拟量信号转换成数字量信号，其分辨率为 12 位。输入的模拟电压范围为 DC －10～10 V，分辨率为 5 mV；输入的模拟电流范围为 4～20 mA 或－20～20 mA，分辨率为 20 μA。

FX$_{2N}$-4AD 内部共有 32 个缓冲寄存器 BFM，用来与主机 FX$_{2N}$ 主单元 PLC 进行数据交换，每个缓冲寄存器的位数为 16 位。FX$_{2N}$-4AD 占用 FX$_{2N}$ 扩展总线的 8 个点，这 8 个点可以是输入点或输出点。FX$_{2N}$-4AD 消耗 FX$_{2N}$ 主单元或有源扩展单元 5 V 电源槽 30 mA 的电流。

FX$_{2N}$-4AD 与 FX$_{2N}$ 主机通过扩展电缆连接，而 4 个输入通道的外部连接则根据外界输入的电压或电流量不同而有所不同，其平面图如图 7-5 所示。其外部接线图如图 7-6 所示。

外部模拟输入通过双绞屏蔽电缆输入至 FX$_{2N}$-4AD 各个通道中。

如果输入有电压波动或有外部电气电磁干扰影响，可在模块的输入口中加入一个平滑电容(0.1～0.47 μF/25 V)。若外部输入是电流输入量，则需要将 V＋和 I＋相连接。如果有过多的干扰存在，应将机壳的地 FG 端与 FX$_{2N}$-4AD 的接地端相连。可能的话，将 FX$_{2N}$-4AD 与主单元 PLC 的接地端连接起来。

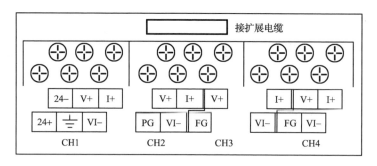

图 7-5　FX$_{2N}$-4AD 的平面图

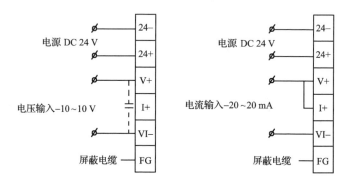

图 7-6　FX$_{2N}$-4AD 的外部接线图

(2)FX$_{2N}$-4AD 的性能指标

①电源

外接输入电源为 DC 24 V,电流为 55 mA。

②环境

环境与 PLC 主单元相一致。

③性能指标

● 模拟输入量为 $-10\sim10$ V、$4\sim20$ mA 或 $-20\sim20$ mA,输入/输出波形如图 7-7 所示。

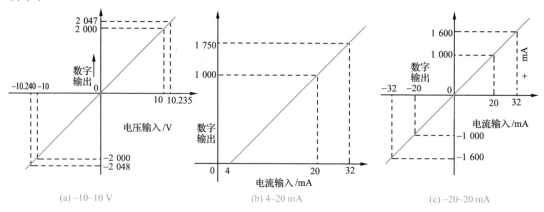

图 7-7　FX$_{2N}$-4AD 输入/输出波形

● 输入的有关性能参数见表 7-3。

表 7-3   FX$_{2N}$-4AD 输入性能参数

项　目	电压输入	电流输入
	电压或电流输入的选择基于对输入端子的选择,一次可同时使用 4 个输入点	
模拟输入范围	DC $-10\sim10$ V(输入阻抗 200 kΩ)(注意:如果输入电压超过 ±15 V,单元会被损坏)	DC $-20\sim20$ mA(输入阻抗 250 Ω)(注意:如果输入电流超过 ±32 mA,单元会被损坏)
数字输出	12 位的转换结果以 16 位二进制补码方式存储,最大值为 2 047,最小值为 -2 048	
分辨率	5 mV(10 V×1/2 000)	20 μA(20 mA×1/1 000)
总体精度	$\pm1\%(-10\sim10$ V)	$\pm1\%(-20\sim20$ mA)
转换速度	15 ms/通道(常速),6 ms/通道(高速)	

(3)缓冲寄存器 BFM

FX$_{2N}$-4AD 缓冲寄存器 BFM 的参数含义见表 7-4。

表 7-4   BFM 的参数含义

BFM	内　容								
♯0*	通道初始化,缺省值＝H0000								
♯1*	通道 1	存放采样值(1～4 096),用于得到平均结果。缺省值设为 8(正常速度),高速操作可选择 1							
♯2*	通道 2								
♯3*	通道 3								
♯4*	通道 4								
♯5	通道 1	缓冲寄存器♯5～♯8,独立存储通道 CH1～CH4 平均输入采样值							
♯6	通道 2								
♯7	通道 3								
♯8	通道 4								
♯9	通道 1	用于存放每个输入通道读入的当前值							
♯10	通道 2								
♯11	通道 3								
♯12	通道 4								
♯13～♯14	保留								
♯15	选择 A/D 转换速度	如设为 0,则选择常速,15 ms/通道							
		如设为 1,则选择高速,6 ms/通道							
♯16～♯19	保留								
♯20	复位到缺省值和预设,缺省值＝H0000								
♯21	禁止调整偏移、增益值,缺省值＝(0,1)允许								
♯22	偏移、增益调整	b7	b6	b5	b4	b3	b2	b1	b0
		G4	O4	G3	O3	G2	O2	G1	O1
♯23	偏移值、缺省值＝0								
♯24	增益值、缺省值＝5 000								
♯25～♯28	保留								
♯29	错误状态								
♯30	确认码 K2010								
♯31	不能使用								

表 7-4 中标有"＊"的 BFM 中的数据可由 PLC 通过 TO 指令改写;不标"＊"的 BFM 中的数据可以使用 PLC 的 FROM 指令读出。

(4)缓冲寄存器 BFM 中参数设置说明

①BFM♯0 通道选择

在 BFM♯0 中写入十六进制 4 位数字 H××××进行 A/D 模块通道初始化,最低位数字控制 CH1,最高位数字控制 CH4,各位数字的含义如下:

×＝0 时,设定输入范围为－10～10 V;×＝1 时,设定输入范围为 4～20 mA;×＝2 时,设定输入范围为－20～20 mA;×＝3 时,关闭通道。

例如,BFM♯0＝H3310,说明 CH1 设定输入范围为－10～10 V;CH2 设定输入范围为 4～20 mA;CH3、CH4 两通道关闭。

②BFM♯15 模拟量到数字量的转换速度设置

通过在 FX_{2N}-4AD 的 BFM♯15 缓冲寄存器中写入 0 或 1 来控制 A/D 转换速度。注意,若要求高速转换,尽可能少使用 FROM 和 TO 指令。

③BFM♯20～BFM♯24 调整偏移值与增益值

当 BFM♯20 被设置为 1 时,FX_{2N}-4AD 模块所有的设置将复位成缺省值,这样可以快速擦去不希望的偏移值与增益值。

如果 BFM♯21 的(b1,b0)被设置为(1,0),则偏移值与增益值被保护。为了设置偏移值与增益值,(b1,b0)必须设为(D,1),缺省值为(0,1)。

BFM♯23 和 BFM♯24 的偏移值与增益值送入指定单元,用于指定通道。输入通道的偏移值与增益值由 BFM♯22 适当的 G/O(增益/偏移)位确定。

通道可以是初始值,也可以为同一个偏移值与增益值。

BFM♯23 和 BFM♯24 中的偏移值与增益值的单位是 mV(或 μA),但受 FX_{2N}-4AD 分辨率的影响,其实际响应以 5 mV/20 μA 为步距,为最小刻度。

④BFM♯29 错误状态位显示

BFM♯29 状态位信息见表 7-5。

表 7-5　　　　　　　　　　　　BFM♯29 状态位信息

BFM♯29	ON	OFF
b0:错误	当 b1～b4 为 ON 时,如果 b2～b4 任意一位为 ON,A/D 转换器的所有通道停止	无错误
b1:G/O 错误	偏移值与增益值调整错误	偏移值与增益值正常
b2:电源不正常	DC 24 V 错误	电源正常
b3:硬件错误	A/D 或其他硬件错误	硬件正常
b10:数字范围错误	输出值超出正常范围	输出值在正常范围内
b11:平均值错误	数字平均采样值大于 4 096 或小于 0(使用 8 位缺省值)	平均值正常(1～4 096)
b12:G/O 调整	BFM♯21 的禁止位(b1,b0)设置为(1,0)	BFM♯21 的禁止位(b1,b0)设置为(0,1)

⑤BFM♯30 缓冲寄存器确认码

可用 FROM 指令读出特殊功能模块的识别号。FX_{2N}-4AD 单元的确认码（识别号）为 K2010。

⑥偏移值与增益值

偏移值与增益值是使用 FX_{2N}-4AD 要设定的两个重要参数，可使用 PLC 输入终端上的下压按钮来调整 FX_{2N}-4AD 的偏移值与增益值，也可以通过 PLC 的软件进行调整。

如图 7-8 所示为 FX_{2N}-4AD 偏移与增益状态。

增益值决定了校准线的角度或斜率，大小在数字输出 1 000 处。在图 7-8（a）中，①为小增益，读取数字值间隔大；②为零增益（缺省值），5 V 或 20 mA；③为大增益，读取数字值间隔小。在图 7-8（b）中，偏移值决定了④、⑤、⑥校准线的位置。其中④为负偏移值；⑤为偏移值（缺省值），0 V 或 4 mA；⑥为正偏移值。

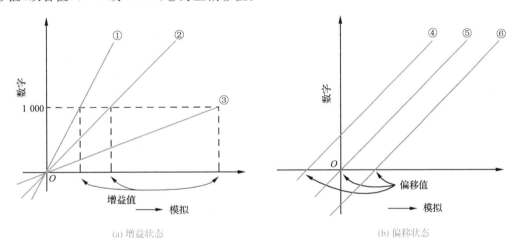

(a) 增益状态　　　　　　　　　　　　(b) 偏移状态

图 7-8　FX_{2N}-4AD 增益与偏移状态

增益值与偏移值可以独立或一起设置，合理的偏移范围是 $-5\sim 5$ V 或 $-20\sim 20$ mA，合理的增益范围是 $1\sim 15$ V 或 $4\sim 32$ mA。

任务实施

FX_{2N}-4AD 通过 FROM 和 TO 指令与 PLC 主机进行数据交换。如图 7-9 所示为 FX_{2N}-4AD 模拟量数据采集程序。设 FX_{2N}-4AD 处于功能模块的 0 号位置，平均值设为 4 次，且由 PLC 的数据寄存器接收该平均值。

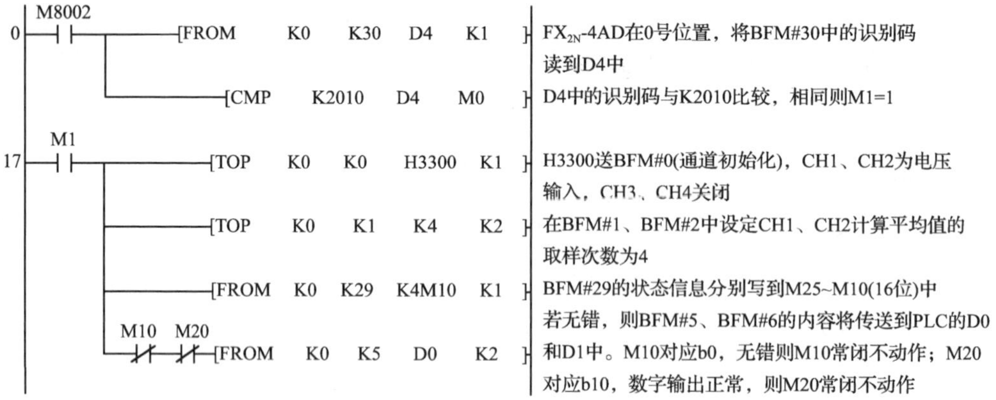

图 7-9　FX$_{2N}$-4AD 模拟量数据采集程序

任务 2　PLC 对模拟量的输出

任务引入

在恒温、恒压自动控制系统中,PLC 需要对采集的模拟量进行运算后,输出模拟量对控制系统实施调节,以达到恒温、恒压的目的。PLC 如何才能输出模拟量? 这需要引入 PLC 的特殊功能模块 FX$_{2N}$-4DA。

任务分析

特殊功能模块 FX$_{2N}$-4AD 将采集的模拟量转化成数字量,传给 PLC 基本单元进行处理。基本单元对数字量处理完后,将结果传给特殊功能模块 FX$_{2N}$-4DA,FX$_{2N}$-4DA 将数字量再转化成模拟量输出。要完成本任务,必须具备以下知识:

(1)熟悉模拟量输出模块 FX$_{2N}$-4DA 的性能指标及使用方法。

(2)掌握模拟量输出模块将数字量转化成模拟量的程序编写方法。

相关知识

1. FX$_{2N}$-4DA 的性能指标

(1)电源

外接 DC 24 V,200 mA 的直流稳压电源或用 PLC 主机提供的 DC 24 V 电源。

(2)环境

环境与 PLC 主单元相一致。

(3)性能指标

输出的有关性能参数见表 7-6。

表 7-6　　　　　　　　　　　　　FX₂ₙ-4DA 输出性能参数

项　目	电压输出	电流输出
模拟输出范围	DC −10~10 V(负载阻抗 2 kΩ~1 MΩ)	DC 0~20 mA(负载阻抗 500 Ω)
数字输入	16 位,二进制,有符号(数值有效位:11 位和一个符号位)	
分辨率	5 mV(10 V×1/2 000)	20 μA(20 mA×1/1 000)
总体精度	±1%(−10~10 V)	±1%(0~20 mA)
转换速度	2.1 ms/通道(改变使用的通道数不会改变转换速度)	
隔离	模拟和数字电路之间用光电耦合器隔离,DC/DC 转换器用来隔离电源和 FX₂ₙ 主单元, 模拟通道之间没有隔离	
外部电源	DC 24 V±10%,200 mA	
占用 I/O 点数目	占用 FX₂ₙ 扩展总线 8 点 I/O(输入/输出皆可)	
功率消耗	5 V,30 mA(PLC 的内部电源或有源扩展单元)	

(4)输出模式

模式 0(缺省模式):电压输出−10~10 V,负载阻抗 10 kΩ。如图 7-10(a)所示。

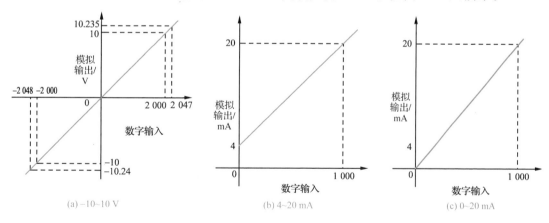

(a) −10~10 V　　　　　(b) 4~20 mA　　　　　(c) 0~20 mA

图 7-10　模拟量输出模块的输出模式

模式 1:电流输出 4~20 mA,负载阻抗 250 Ω。如图 7-10(b)所示。

模式 2:电流输出 0~20 mA,负载阻抗 250 Ω。如图 7-10(c)所示。

2.　缓冲寄存器 BFM

FX₂ₙ-4DA 缓冲寄存器 BFM 的参数含义见表 7-7。

表 7-7   BFM 参数含义

BFM	内　容
♯0(E)*	通道初始化,缺省值＝H0000
♯1*	输出涌道 1～通道 4 的数据
♯2*	
♯3*	
♯4*	
♯5	数据保持模式。缺省值＝H0000
♯6、♯7	保留
♯8*	CH1、CH2 的偏移/增益设定命令,缺省值＝H0000
♯9*	CH3、CH4 的偏移/增益设定命令,缺省值＝H0000
♯10*	偏移数据 CH1
♯11*	增益数据 CH1
♯12*	偏移数据 CH2
♯13*	增益数据 CH2
♯14*	偏移数据 CH3
♯15*	增益数据 CH3
♯16*	偏移数据 CH4
♯17*	增益数据 CH4
♯18、♯19	保留
♯20*	初始化,初始值＝0
♯21*	禁止调整 I/O 特性(缺省值＝1)
♯22～♯28	保留
♯29	错误状态
♯30	确认码 K3020
♯31	保留

（♯10*～♯17* 行右侧跨列备注）单位:mV 或 μA
初始偏移值:0;输出
初始增益值:＋5 000;模式 0

表 7-7 中,标有"＊"的 BFM 中的数据可用 TO 指令写入 PLC 中。

3. 缓冲寄存器 BFM 中参数设置说明

(1)BFM♯0 通道选择

在 BFM♯0 中写入十六进制 4 位数字 H××××进行 D/A 模块通道初始化,最低位数字控制 CH1,最高位数字控制 CH4,各位数字的含义如下:

×＝0 时,设定输出范围为－10～10 V;×＝1 时,设定输出范围为 4～20 mA;×＝2 时,设定输出范围为 0～20 mA;×＝3 时,关闭通道。

例如,BFM♯0＝H2110,说明 CH1 设定输出范围为－10～10 V;CH2、CH3 设定输出范围为 4～20 mA;CH4 设定输出范围为 0～20 mA。

(2)BFM♯1～BFM♯4 输出数据通道

BFM♯1 代表通道 1(CH1),BFM♯2 代表通道 2(CH2),BFM♯3 代表通道 3(CH3),BFM♯4 代表通道 4(CH4),它们的初始值均为 0。

（3）BFM♯5 数据输出保持模式

当 BFM♯5＝H0000 时，PLC 从 RUN 进入 STOP 状态，其运行时的参数被保留。若要复位以使其成为偏移值，则将 1 写入 BFM♯5 中。

例如，BFM♯5＝H0011，说明通道 CH3、CH4 保持，CH1、CH2 为偏移值。0 为保持输出，1 为复位到偏移值。

（4）BFM♯8、BFM♯9 偏移/增益设定参数

若一个十六进制数写入 BFM♯8、BFM♯9，将改变 CH1～CH4 的偏移值与增益值。例如：

$$\begin{array}{cc} \text{BFM}\sharp8 & \text{BFM}\sharp9 \\ H\ \frac{\times}{G2}\frac{\times}{O2}\frac{\times}{G1}\frac{\times}{O1} & H\ \frac{\times}{G4}\frac{\times}{O4}\frac{\times}{G3}\frac{\times}{O3} \end{array}$$

O＝0 时，无变化；O＝1 时，有变化（O 指 O1、O2、O3、O4）。

（5）BFM♯10～BFM♯17 的参数说明

偏移值：当缓冲器♯1～♯4 为 0 时，实际模拟输出值。

增益值：当缓冲器♯1～♯4 为＋1 000 时，实际模拟输出值。

当设置为模式 1（4～20 mA）电流输出时，自动设置偏移值为 4 000，增益值为 20 000。当设置为模式 2（0～20 mA）电流输出时，自动设置偏移值为 0，增益值为 20 000。

通过写入 BFM♯10～BFM♯17 改变偏移值与增益值，写入数值的单位是 mV 或 μA。数值被写入后 BFM♯8、BFM♯9 也要同时设置。

（6）BFM♯20 初始化

当 BFM♯20 被设置为 1 时，所有设置变为缺省值（注意：BFM♯21 的值将被覆盖）。

（7）BFM♯21 I/O 特性调整抑制

如 BFM♯21 设置为 2，则用户调整 I/O 特性将被抑制；如果 BFM♯21 不设置为 1，调整抑制功能将一直保持，缺省值为 1（允许调整）。

（8）BFM♯29 错误状态位显示

BFM♯29 状态位信息见表 7-8，当产生错误时，利用 FROM 指令，读出错误数值。

表 7-8　　　　　　　　　　　　　　BFM♯29 状态位信息

BFM♯29	位 ON（＝0）	位 OFF（＝1）
b0：错误	无错误	当 b1～b4 为 1 时，则错误
b1：O/G 错误	偏移值与增益值正常	偏移值与增益值错误
b2：电源不正常	电源正常	DC 24 V 错误
b3：硬件错误	硬件正常	A/D 或其他硬件错误
b10：数字范围错误	输出值在正常范围内	模拟输出值超出正常范围
b12：G/O 调整禁止	调整状态，BFM♯21＝1	BFM♯21 设置不为 1

(9)BFM♯30 缓冲寄存器确认码

可用 FROM 指令读出特殊功能模块的识别号。FX$_{2N}$-4DA 单元的确认码(识别号)为 K3020。

任务实施

FX$_{2N}$-4DA 同 FX$_{2N}$-4AD 一样,也通过 FROM 和 TO 指令与 PLC 主机进行数据交换。如图 7-11 所示为 FX$_{2N}$-4DA 模拟量数据输出程序。设 FX$_{2N}$-4DA 特殊功能模块处于功能模块的 1 号位置,CH1、CH2 作为电压输出通道(−10~10 V),CH3 作为电流输出通道(4~20 mA),CH4 作为电流输出通道(0~20 mA)。PLC 在 STOP 状态时,CH4、CH3 回零,CH2、CH1 输出保持。

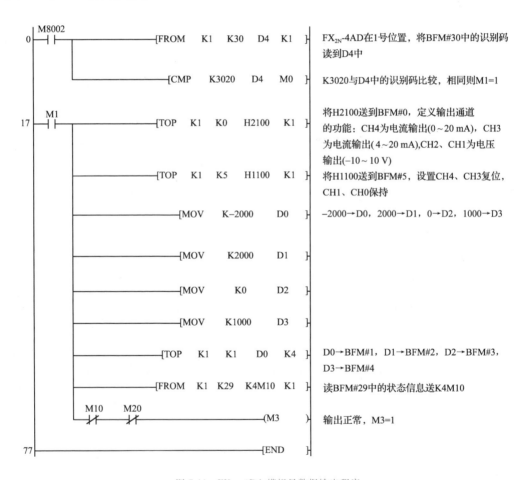

图 7-11 FX$_{2N}$-4DA 模拟量数据输出程序

知识拓展

1. 控制要求

某恒温箱要求工作温度为 100 ℃,当温度低于 100 ℃时,启动电加热器加热;当温度大于 100 ℃时,停止加热。现场温度用热电偶检测,并通过模拟量输入模块 FX$_{2N}$-4AD 转换成数字信号反馈给 PLC 主机,作为控制电加热器启停的依据。

2. 任务目的

(1)掌握模拟量模块的硬件接线。
(2)掌握模拟量输入信号的采集程序编写。

3. 实施设备

FX$_{2N}$-64MR PLC	1台;
FX$_{2N}$-4AD	1台;
计算机	1台;
热电偶	1支;
恒温箱	1台。

4. 设计步骤

(1)I/O 信号分配见表 7-9。

表 7-9　　　　　　　　　　　恒温控制 I/O 信号分配

输入(I)			输出(O)		
元件	功能	信号地址	元件	功能	信号地址
SB1	启动信号	X000	KM1	控制电加热器	Y000
SB2	停止信号	X001			

(2)梯形图如图 7-12 所示。
(3)PLC 的外部接线图如图 7-13 所示。

5. 程序讲解

(1)模块编号

本系统只使用了一个特殊功能模块 FX$_{2N}$-4AD,故其编号为 0 号。

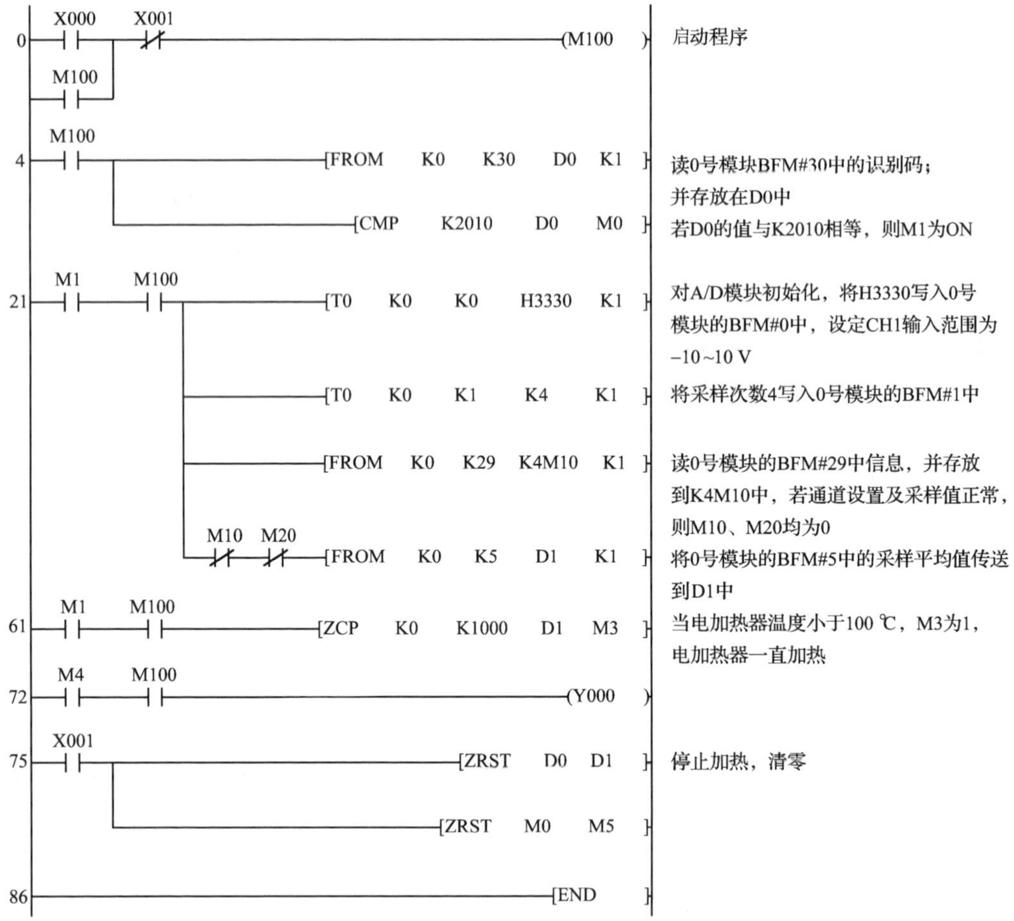

0 X000 X001 (M100)
M100
启动程序
4 M100 [FROM K0 K30 D0 K1]
读0号模块BFM#30中的识别码；并存放在D0中
[CMP K2010 D0 M0]
若D0的值与K2010相等，则M1为ON
21 M1 M100 [TO K0 K0 H3330 K1]
对A/D模块初始化，将H3330写入0号模块的BFM#0中，设定CH1输入范围为-10~10 V
[TO K0 K1 K4 K1]
将采样次数4写入0号模块的BFM#1中
[FROM K0 K29 K4M10 K1]
读0号模块的BFM#29中信息，并存放到K4M10中，若通道设置及采样值正常，则M10、M20均为0
M10 M20 [FROM K0 K5 D1 K1]
将0号模块的BFM#5中的采样平均值传送到D1中
61 M1 M100 [ZCP K0 K1000 D1 M3]
当电加热器温度小于100 ℃，M3为1，电加热器一直加热
72 M4 M100 (Y000)
75 X001 [ZRST D0 D1]
停止加热，清零
[ZRST M0 M5]
86 [END]

图 7-12 恒温控制梯形图

~220 V
KM
COM1 Y000
PLC
24+ COM X000 X001
FX2N-4AD
CH1
24- 24+ V+ VI-
SB1 SB2
程序启动
程序停止
热电偶
L N
QS
FU
KM
电加热器
恒温箱

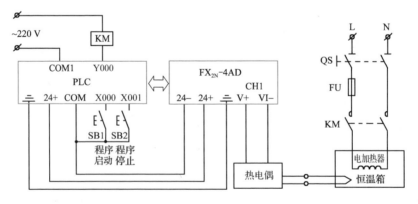

图 7-13 恒温控制 PLC 的外部接线图

(2)模块确认

特殊功能模块 FX_{2N}-4AD 具有确认码，其值为 K2010，存放在 BFM＃30 中。因此编程时，首先要读取该确认码，比对正确后才能使用。

（3）通道初始化

进行 A/D 模块通道初始化，在 BFM♯0 中写入十六进制 4 位数字 H ××××，其中最低位数字控制 CH1，最高位数字控制 CH4，各位数字的含义如下：

×＝0 时，设定输入范围为－10～10 V；×＝1 时，设定输入范围为 4～20 mA；×＝2 时，设定输入范围为－20～20 mA；×＝3 时，关断通道。

例如，BFM♯0＝H3330，则说明 CH1 设定输入范围为－10～10 V，CH2、CH3、CH4 通道关断。

（4）设定采样次数

程序中应用 TO 指令将 K4 写入 BFM♯1 中，设定 CH1 的采样值为 4 次，取平均值。

（5）工作状态判断

FX$_{2N}$-4AD 模块当前工作状态信息存放在 BFM♯29。程序中 K29 表示 BFM♯29，其中存放着各种状态位信息。b0～b15 共 16 位，传给 K4M10 中对应的各元件。b0 中无错误时，对应的元件 M10 不动作；当数字平均采样值正常（1～4 096）时，b11 对应的元件 M20 不动作。此时即可读取当前温度的采样值，存放在 PLC 基本单元 D1 中。

（6）温度控制

ZCP 为区间比较指令，当 K0＜D1＜K1000 时，元件 M4 置 1。其中的 K1000 为温度的设定上限值（可根据实际值进行更改）。热电偶的模拟量值通过模拟量输入模块转换为数字量，实时传给寄存器 D1。

温度上升时，D1 中的值不断增大，当 D1 中的值大于 K1000 时，元件 M4 置 0，输出继电器 Y000 失电，电加热器停止加热。

温度下降时，D1 中的值不断减小，当 D1 中的值小于 K1000 时，元件 M4 置 1，输出继电器 Y000 得电，电加热器开始通电加热。

能力测试

要求 3 点模拟量输入采样，求其平均值，并将该值作为模拟量予以输出。此外，将 0 号通道输入值与平均值的差值加倍，作为另一模拟量输出。试选用 PLC 特殊功能模块，并编写程序。

项目 8
PLC在顺序控制方面的应用

任务1 PLC 单流程顺序控制

任务引入

用梯形图编程被广大电气技术人员接受,但对于一个复杂的控制系统,尤其是顺序控制系统,由于内部的连锁、互动关系极其复杂,其梯形图往往长达数百行。另外,在梯形图上如果不加注释,可读性也会大大降低。

为了解决这个问题,近年来,许多新生产的 PLC 在梯形图语言之外还加了符合 IEC 1131-3 标准的 SFC(Sequential Function Chart,顺序功能图)语言,用于编制复杂的顺序控制程序。IEC 1131-3 中定义的 SFC 语言是一种通用的流程图语言。三菱的小型 PLC 在基本逻辑指令之外增加了两条简单的步进顺序控制指令(STL,意为步进;RET,意为返回),同时辅之以大量状态元件,就可以使用 SFC(也称为状态转移图)方式编程。

任务分析

为了掌握状态转移图的编程方法,应先掌握基本的单流程状态转移图编程方法。要完成本任务,必须具备以下知识:

(1)熟悉状态转移图的编程思想、编程注意事项;掌握组成状态转移图的三要素,顺序控制指令 STL、RET 的使用方法。

(2)会用单流程控制方式编写简单的状态转移图。

相关知识

1. 状态转移图

(1)状态的功能

通过前面项目的学习已经了解到,用基本逻辑指令能够实现顺序控制。但在实际应用中不难发现,用基本逻辑指令实现比较复杂的顺序控制,其梯形图也比较复杂,编写时需要经验,并且所编的复杂程序也不易读懂。若用状态转移图编写程序,则编程就很方便。

称为"状态"的软元件是构成状态转移图的基本元素。FX$_{2N}$系列PLC的状态软元件有1 000点可供使用。其表示方式如下:

$\boxed{S20}$

状态元件自身也有常开、常闭触点,动作原理与元件Y、M的触点动作原理相同。

FX$_{2N}$系列PLC状态元件的类别、状态元件号、点数及功能说明见表8-1。

表8-1　　　　　　　　　　　　　FX$_{2N}$系列PLC状态元件

类　别	状态元件号	点　数	功能说明
初始化状态元件	S0～S9	10	初始化
返回状态元件	S10～S19	10	使用IST(FNC60)指令时,返回原点
通用状态元件	S20～S499	480	用在SFC的中间状态
停电保持状态元件	S500～S899	400	具有停电记忆功能,停电后再启动,可继续执行
报警状态元件	S900～S999	100	用于故障诊断或报警

(2)状态转移图的组成

①状态转移图的三要素

如图8-1所示,一个状态转移图是由初始状态、通用状态加上状态转移条件、状态转移方向和状态驱动的负载等组成的。其中状态转移条件、状态转移方向和状态驱动的负载是组成状态转移图的三要素。

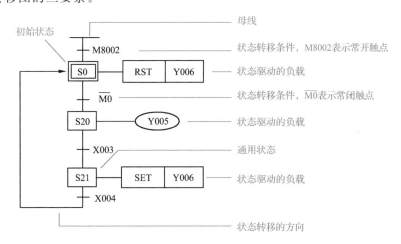

图8-1　状态转移图

这三要素描述了一个状态的基本特征和功能。一旦某一状态被"激活"(如S20),与该状态连接的负载(Y005)就得以驱动,然后判断状态转移条件是否满足,如果状态转移条件成立(如X003为ON),就按顺序(箭头指示,但可省略)转向下一个状态(S21)。当S21被"激活"时,上一个状态(S20)就会自动"关闭"。

②状态转移图组成说明

● 每个状态转移图都是从初始状态开始的。

● M8002 是特殊辅助继电器，是在程序首次扫描时，其常开触点闭合一个扫描周期。使用它的好处是状态转移图只从母线上取一次信号。

● 状态转移图是严格按照预订的工艺流程顺序执行的。

● 每个状态有其"激活"的条件，一旦后一个状态被"激活"，前一个状态就会自动"关闭"。

● 状态执行的过程是驱动负载→判断状态转移条件→指定状态转移方向。

● 状态转移图一旦执行，要停止其运行时，不能像梯形图那样，按下停止按钮就可使整个程序全部停止。状态转移图只能是将状态进行转移，转移到没有驱动负载的状态上去，但最好是转移到初始状态上去，如图 8-1 所示。

● 状态转移图根据控制流程不同可分为单流程状态转移图、选择性分支状态转移图、并行分支状态转移图及组合状态转移图等基本形式。

（3）状态转移图的编程思想

编写状态转移图，要放弃梯形图编程的思想，要在程序中尽量少用或不用逻辑关系编程。状态转移图编程使用的是流程形式，是将一个大的事件分解成一个个小的事件，即一个大的事件对应一个状态转移图程序，一个个小的事件对应一个个状态。一个状态完成一个事件，然后用转移条件将每个状态连成一个整体，即构成一个状态转移图。

2. 状态转移图的指令

FX$_{2N}$系列 PLC 的步进顺序控制指令有两条，即步进接点指令 STL 和步进返回指令 RET。

（1）步进接点指令（STL）

STL 指令的意义为激活某个状态。在梯形图上体现为从母线上引出的状态接点，梯形图符号为─∥─。STL 指令有建立子母线的功能，以使该状态的所有操作均在子母线上进行。图 8-1 状态转移图转换成梯形图和指令表，如图 8-2 所示。

（2）步进返回指令（RET）

RET 指令用于返回主母线，使步进顺序控制程序执行完毕时，非状态程序的操作在主母线上完成，防止出现逻辑错误。状态转移程序的结尾必须使用 RET 指令。

（3）状态转换成指令注意事项

①状态转换成指令必须使用步进接点指令 STL。

②程序的最后必须使用步进返回指令 RET，返回主母线。

③状态转换成指令的顺序为先驱动负载，再根据转移条件和转移方向进行转移，次序不能颠倒。

④驱动负载用 OUT 指令。如果相邻的状态驱动同一个负载，可以使用多重输出，也可

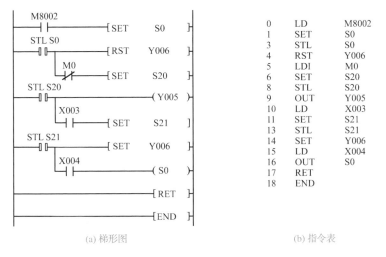

				0	LD	M8002
				1	SET	S0
				3	STL	S0
				4	RST	Y006
				5	LDI	M0
				6	SET	S20
				8	STL	S20
				9	OUT	Y005
				10	LD	X003
				11	SET	S21
				13	STL	S21
				14	SET	Y006
				15	LD	X004
				16	OUT	S0
				17	RET	
				18	END	

(a) 梯形图   (b) 指令表

图 8-2 图 8-1 状态转移图转换成梯形图和指令表

以用 SET 指令将其置位,等到该负载无须驱动时,再用 RST 指令将其复位。

⑤相邻状态从上往下进行转移,使用 SET 指令;其他形式的转移使用 OUT 指令进行。

3. 状态转移图编程注意事项

(1)在状态转移图中,尽量少用梯形图的编程方法。

(2)在状态转移图中,元件的线圈可以重复使用。

(3)在状态转移图中,状态元件不能重复使用。

(4)在状态转移图中,状态元件可以不按顺序使用。

(5)在状态元件之后,不能紧跟着使用多重输出指令。

(6)负载驱动或状态转移条件可能是多个,要视其具体逻辑关系,将其进行串、并联组合。

(7)相邻状态不能使用相同编号的 T、C 元件,如果同一 T、C 元件在相邻状态下编程,其线圈不能断电,当前值不能清零。

(8)状态编程时,不可在状态触点(STL 指令)之后直接使用栈操作指令。只有在 LD 或 LDI 指令之后,方可用 MPS、MRD 和 MPP 指令编制程序。

(9)在 STL 与 RET 指令之间不能使用 MC、MCR 指令。

(10)初始状态可由系统初始条件或者其他状态驱动,也可用初始脉冲 M8002 进行驱动。如果没有驱动,状态流程就不会向下执行。如需在停电恢复后继续保持原状态进行,可使用 S500~S899 断电保持状态元件。

(11)在中断程序与子程序内不能使用 STL 指令。在 STL 指令内不禁止使用条件跳转(CJ)指令,但其操作复杂,建议一般不要使用。

任务实施

1. 控制要求

机械手具有手动、连续和回原点三种工作方式。机械手动作如图 8-3 所示。

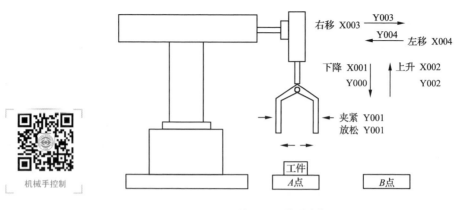

图 8-3　机械手动作

2. 任务目的

(1)掌握单流程状态转移图的程序编写方法。

(2)掌握单流程状态转移图的指令编写方法。

3. 设计步骤

(1)I/O信号分配见表 8-2。

表 8-2　　　　　　　　　　　　　任务 1 I/O 信号分配

输入(I)			输出(O)		
元 件	功 能	信号地址	元 件	功 能	信号地址
SQ1	下限位行程开关	X001	机械手	下降	Y000
SQ2	上限位行程开关	X002	机械手	夹紧	Y001
SQ3	右限位行程开关	X003	机械手	上升	Y002
SQ4	左限位行程开关	X004	机械手	右移	Y003
SB2	手动上升回原点按钮	X005	机械手	左移	Y004
SB3	手动左移回原点按钮	X006			
SB10	启动按钮	X010			
SB11	停止按钮	X011			

(2)状态转移图和指令表如图 8-4 所示。

4. 程序讲解

(1)原点

机械手的原点在装置的最上面、最左边的位置,且元件线圈全部处于断电状态。

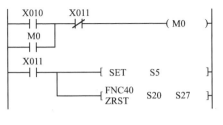

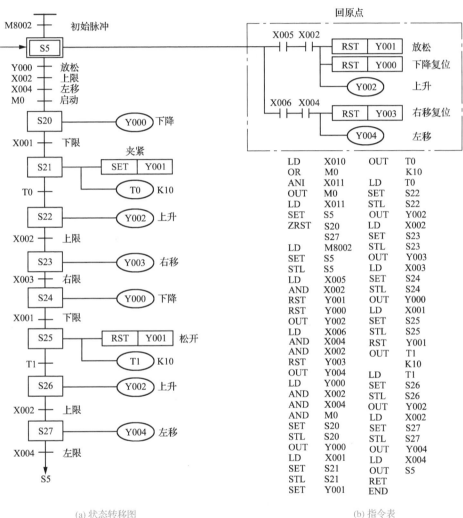

(a) 状态转移图　　　　　　　　　　　(b) 指令表

图 8-4　任务 1 状态转移图和指令表

（2）紧急制动

为了保证在紧急情况下（包括 PLC 发生故障时），能可靠地停止 PLC 的程序，在状态转移图的开始加了一段程序，程序启动时 X010 给信号，状态转移图开始运行，一个周期一个周期地运行。当要停止程序时，X011 给信号，状态转移图不管运行到哪一步都可将状态转移到初始状态，使各个工步停止运行。

（3）PLC程序设计

程序设计分为手动回原点程序、启动和停止程序、自动运行程序三部分。

①手动回原点程序

这是初次运行时将机械复归左上原点位置的程序。如果机械手不在原点位置，即使启动程序运行，状态转移图也不往下执行。按下按钮SB2（X005），机械手向上运动，到达上限位时，X002动作，其常开触点断开（X002接在上限位行程开关的常闭触点上），向上运行停止。按下按钮SB3（X006），机械手向左运动，到达左限位时，X004动作，其常开触点断开（X004接在左限位行程开关的常闭触点上），向左运行停止。

②启动和停止程序

状态转移图要运行，必须满足机械手在原点位置才可以。当状态转移图运行时，是按事先设定的流程一步一步往下执行的，要停止程序必须将初始状态除外的所有状态复位，同时置位初始状态，以便下一次程序再次运行。

③自动运行程序

自动运行程序是按机械手的动作顺序设计，一步一步往下执行的。一个周期结束后自动回到程序开始部分，进行下一个周期的运行，如此循环。

上升/下降、左移/右移等分别使用了双螺线管的电磁阀（在某个方向的驱动线圈失电时能保持在原位置上，只有驱动反方向的线圈才能反方向运行），夹钳使用单螺线管电磁阀（只在得电时能夹紧）。

自动运行程序如果在运行中，PLC突然停电，再来电时，程序不会在原来的地方再开始运行，必须将机械手提回到原点位置后，程序才重新开始运行。

任务2 PLC对选择性、并行性分支的控制

任务引入

单流程状态转移图对简单的顺序控制容易实现，但对多流程复杂的控制，如果再使用单流程状态转移图编写程序，将会使程序很复杂，并不易编写。所以对多流程控制系统，使用选择性、并行性分支编程，将很容易达到控制目的。

任务分析

为了掌握状态转移图选择性、并行性分支的编程方法，应在掌握单流程状态转移图编程方法之上，再具备以下知识：

（1）选择性、并行性分支的定义，选择性、并行性分支状态转移图转换成指令的方法。

（2）选择性、并行性分支编写复杂的状态转移图的方法。

1. 选择性分支与汇合

所谓选择性分支就是从多个流程中选择执行一个流程。如图 8-5 所示是选择性分支状态转移图和指令表。分支选择条件 X000、X010、X020 不能同时接通。在状态元件 S20 得电时，程序根据 X000、X010、X020 的状态决定执行哪一条分支。如一旦 X000 接通，动作状态就向 S21 转移，S20 复位置 0。因此即使以后 X010 或 X020 动作，S31 或 S41 也不会被驱动。汇合状态 S50 可由 S22、S32、S42 中任意一个驱动。

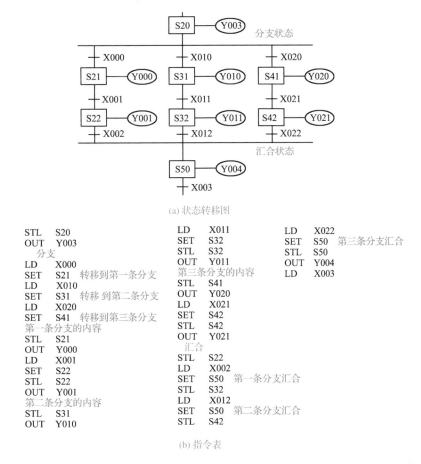

(a) 状态转移图

STL S20	LD X011	LD X022
OUT Y003	SET S32	SET S50 第三条分支汇合
分支	STL S32	STL S50
LD X000	OUT Y011	OUT Y004
SET S21 转移到第一条分支	第三条分支的内容	LD X003
LD X010	STL S41	
SET S31 转移到第二条分支	OUT Y020	
LD X020	LD X021	
SET S41 转移到第三条分支	SET S42	
第一条分支的内容	STL S42	
STL S21	OUT Y021	
OUT Y000	汇合	
LD X001	STL S22	
SET S22	LD X002	
STL S22	SET S50 第一条分支汇合	
OUT Y001	STL S32	
第二条分支的内容	LD X012	
STL S31	SET S50 第二条分支汇合	
OUT Y010	STL S42	

(b) 指令表

图 8-5　选择性分支状态转移图和指令表

2. 并行性分支与汇合

所谓并行性分支就是多个流程可以同时执行的分支。如图 8-6 所示是并行性分支状态转移图和指令表。当 X000 接通时，3 条分支同时运行；当 X004 接通时，3 条分支同时汇合。

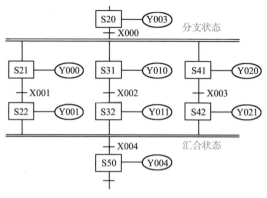

(a) 状态转移图

STL S20	第二条分支的内容	汇合
OUT Y003	STL S31	STL S22 第一条分支汇合
分支	OUT Y010	STL S32 第二条分支汇合
LD X000	LD X002	STL S42 第三条分支汇合
SET S21 转移到第一条分支	SET S32	LD X004
SET S31 转移到第二条分支	STL S32	SEL S50
SET S41 转移到第三条分支	OUT Y011	STL S50
第一条分支的内容	第三条分支的内容	OUT Y004
STL S21	STL S41	
OUT Y000	OUT Y020	
LD X001	LD X003	
SET S22	SET S42	
STL S22	STL S42	
OUT Y001	OUT Y021	

(b) 指令表

图 8-6   并行性分支状态转移图和指令表

并行性分支的编程原则是先集中进行并行性分支的转移处理,然后处理每条分支的内容,最后再集中进行汇合处理。

任务实施

1. 用选择性分支实现对大、小球分拣系统的控制

(1)控制要求

在生产过程中,经常要对流水线上的产品进行分拣,如图 8-7 所示是用于分拣大、小球的机械装置。分类原理:机械臂下降,经过 T0 时间后,当电磁铁压着大球时,机械臂没有达到下限位,SQ2 常开触点不动作,X002 不动作;而压着小球时,SQ2 常开触点闭合,X002 动作。

机械装置动作顺序如下:

左上为原点,机械臂下降。当电磁铁压着的是大球时,行程开关 SQ2 断开;当压着的是小球时,SQ2 接通。以此判断是大球还是小球。

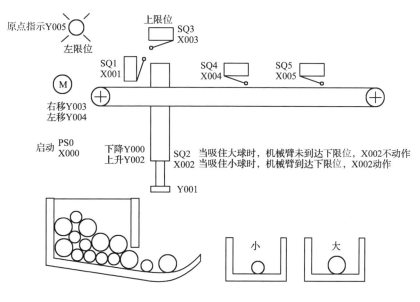

图 8-7　大、小球分类选择传送装置

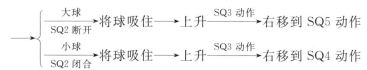

—→下降时间到—→释放—→上升 SQ3 动作—→左、右移 SQ1 动作到原点

　　左、右移分别由 Y004、Y003 控制,上升、下降分别由 Y002、Y000 控制,将球吸住由 Y001 控制。

(2)任务目的

①熟悉机械装置回原点程序编写的方向。

②熟悉选择性分支状态转移图分支、汇合的条件选择。

大、小球分拣系统
控制

(3)设计步骤

①I/O 信号分配见表 8-3。

表 8-3　　　　　　　　　　　　　大、小球分拣系统 I/O 信号分配

输入(I)			输出(O)		
元件	功能	信号地址	元件	功能	信号地址
SQ1	左行程开关	X001	机械臂	下降	Y000
SQ2	下行程开关	X002	机械臂	上升	Y002
SQ3	上行程开关	X003	机械臂	右移	Y003
SQ4	小球的行程开关	X004	机械臂	左移	Y004
SQ5	大球的行程开关	X005	机械臂	原点指示灯	Y005
PS0	程序运行开关	X000	电磁吸盘	吸球	Y001
SB1	将机械臂手动上移	X006			
SB2	将机械臂手动左移	X007			

②状态转移图如图 8-8 所示。

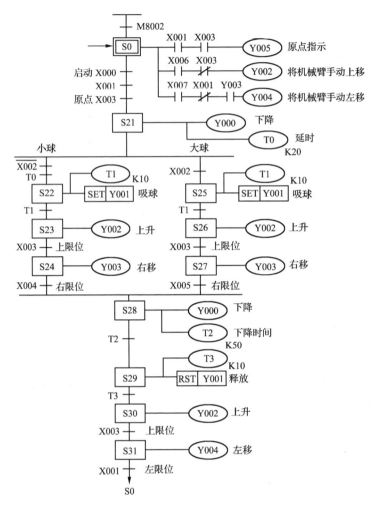

图 8-8　大、小球分拣系统状态转移图

③PLC 的外部接线图如图 8-9 所示。

(4)程序讲解

状态转移图是按流程进行程序设计的,程序运行时完全按程序流程进行,如果机械臂不在原点位置,程序将不能往下执行,故状态转移图必须加手动回原点的程序。

根据工艺要求,该控制流程可根据 SQ2 的状态(即对应大、小球)有两个分支,此处应为分支点,且属于选择性分支。分支在机械臂下降之后根据 SQ2 的通断,分别将球吸住、上升、右移到 SQ4 或 SQ5 处下降,此处应为汇合点。然后再释放、上升、左移到原点。

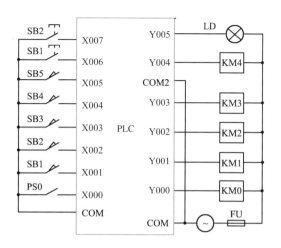

图 8-9 大、小球分拣系统 PLC 的外部接线图

2. **用并行性分支实现对十字路口交通灯系统的控制**

(1)控制要求

如图 8-10 所示为十字路口交通灯。交通灯的动作受开关总体控制：按一下启动按钮，交通灯系统开始工作，并周而复始地循环工作；按一下停止按钮，所有交通灯都熄灭。

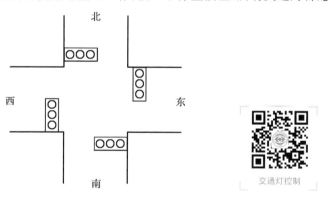

图 8-10 十字路口交通灯

十字路口交通灯控制要求见表 8-4。

表 8-4 十字路口交通灯控制要求

东西向	信 号	绿灯亮	绿灯闪亮	黄灯亮	红灯亮 30 s		
	时 间	25 s	3 s	2 s			
南北向	信 号	红灯亮 30 s			绿灯亮	绿灯闪亮	黄灯亮
	时 间				25 s	3 s	2 s

(2)任务目的

①掌握灯光闪烁程序的编写方法。

②熟悉并行性分支状态转移图分支、汇合的条件选择。

（3）设计步骤

①I/O信号分配见表8-5。

表 8-5　　　　　　　　　　　十字路口交通灯系统 I/O 信号分配

输入（I）			输出（O）		
元　件	功　能	信号地址	元　件	功　能	信号地址
SB1	启动按钮	X005	LD1	东西向绿灯	Y000
SB2	停止按钮	X006	LD2	东西向黄灯	Y001
			LD3	东西向红灯	Y002
			LD4	南北向绿灯	Y003
			LD5	南北向黄灯	Y004
			LD6	南北向红灯	Y005

②状态转移图如图 8-11 所示。

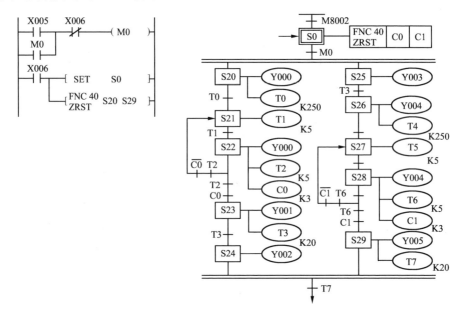

图 8-11　十字路口交通灯系统状态转移图

③PLC 的外部接线图如图 8-12 所示。

（4）程序讲解

　　程序由两部分构成，一部分是程序的开始部分，控制程序的启动和停止；另一部分是程序的主体部分，控制交通灯的变化。

　　①程序的开始部分控制程序的启停。当 X005＝ON 时，M0 线圈得电，其常开触点闭合，程序的主体部分开始往下执行两条并行分支。当停止按钮 X006＝ON 时，M0 线圈失

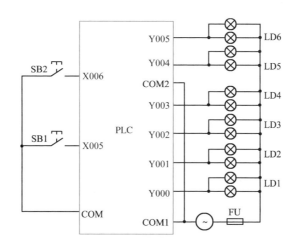

图 8-12　十字路口交通灯系统 PLC 的外部接线图

电,其常开触点断开,同时将主体程序中的状态元件清零复位,将初始状态置位。主体程序停止,初始状态得电,留待下一次的启动。

②主体程序采用两条并行性分支,分别控制东西向、南北向的红、绿、黄灯的变化。程序设计时按灯的变化顺序编写即可。需要说明的是绿灯闪烁的控制程序,其转移的条件必须使用 T、C 的组合触点进行控制,如果省略 T 的常开触点,将会使绿灯最后一次闪烁不能实现。

状态转移图中的计数器一定要清零,只要计数器不在使用状态,任何时候清零都可。

能力测试

(1)使用状态转移图编制程序:按启动按钮,灯 L1、L2 间隔 0.5 s 交替闪烁 5 次停止。

(2)使用单流程状态转移图的设计方法设计程序:当按下启动按钮后,三台电动机 M1、M2、M3 按先后顺序间隔 5 s 依次启动,当 M3 运行 10 s 后,M1、M2、M3 再按相反的顺序间隔 5 s 依次停止运行,当 M1 停止 5 s 后,程序重新循环一遍停止。

(3)使用状态转移图编写自动送料装车程序,设计 PLC 的外部接线图。

自动送料装车系统由三级传送带、料斗、料位检测与送料、车位和质量检测等环节组成,如图 8-13 所示。

控制要求:

①初始状态

红灯 L8 灭,绿灯 L7 亮,表明允许汽车开进装料。料斗出料口关闭,电动机 M1、M2 和 M3 皆为停止状态。

②进料

如料斗中料不满(料位传感器 S1 为 OFF),5 s 后 L1 开启进料;当料斗满(S1 为 ON)时,中止进料。

PLC 综合应用技术

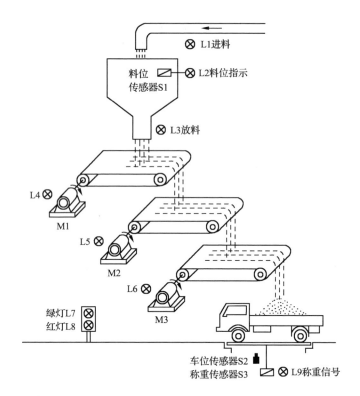

图 8-13　自动送料装车系统

③装车

当汽车开进到装车位置(车位传感器 S2 为 ON)时,红灯 L8 亮,绿灯 L7 灭;同时启动 M3,经 5 s 后启动 M2,再经 5 s 后启动 M1,再经 5 s 后打开料斗(L3 为 ON)出料。

当车装满(称重传感器 S3 为 ON)时,料斗关闭(L3 为 OFF),经 5 s 后 M1 停止,再经 5 s 后 M2 停止,再经 5 s 后 M3 停止,同时红灯 L8 灭,绿灯 L7 亮,表明汽车可以开走。

④停止

按下停止按钮 SB2,整个系统中止运行。

(4)使用并行性分支编写按钮人行道交通灯控制系统程序,并设计 PLC 的外部接线图。控制要求同项目 4 能力测试(4)的内容。

传送带控制

项目 9
PLC在变频器中的应用

任务1 西门子 MM430 变频器的使用及参数设置

任务引入

变频器是由单片机控制、将工频交流电变为频率和电压可调的三相交流电的电器设备。近年来,大功率电力晶体管和计算机控制技术的飞快发展,极大地促进了交流变频调速技术的发展,目前在工业自动化方面和节能方面已广泛使用变频器进行调速控制,应用前景十分广阔。

任务分析

变频器作为三相异步电动机变频调速的设备,要正确使用,必须具备以下知识:

(1)熟悉变频器的操作注意事项。

(2)熟悉变频器控制电动机调速的参数设置方法。

相关知识

1. MM430 变频器

(1)MM430 变频器简介

MM430 是用于控制三相交流电动机速度的变频器系列。MM430 变频器有多种型号,额定功率为 7.5~250 kW,可供用户选用。

在采用变频器的出厂设定功能和缺省设定值时,MM430 变频器特别适合于水泵和风机的驱动。

本变频器由微处理器控制,并采用具有现代先进技术水平的绝缘栅双极性晶体管(IGBT)作为功率输出器件。因此,它们具有很高的运行可靠性和功能的多样性,其脉冲宽度调制的开关频率是可选的,因而减小了电动机运行的噪声,全面而完善的保护功能为变频器和电动机提供了良好的保护。

(2)MM430 变频器的特点

①易于安装,参数设置和调试简便。

②牢固的 EMC 设计。

③可由 IT(中性点不接地)电源供电。

④对控制信号的响应是快速和可重复的。

⑤参数设置的范围很广,确保它可对广泛的应用对象进行配置。

⑥电缆连接简便。

⑦具有多个继电器输出。

⑧具有多个模拟量输出(0~20 mA)。

⑨6 个带隔离的数字输入,并可切换为 NPN/PNP 接线。

⑩2 个模拟输入:

AIN1:0~10 V,0~20 mA 和−10~10 V。

AIN2:0~10 V,0~20 mA。

⑪2 个模拟输入可作为第七个和第八个数字输入。

⑫BiCo(二进制互联连接)技术。

⑬模块化设计,配置非常灵活。

⑭脉宽调制的频率高,因而电动机运行的噪声小。

⑮有多种元件可供用户选用:用于 PC 通信的通信模块、基本操作面板和用于进行现场总线通信的 PROFIBUS 模块。

(3)性能特性

①V/F 控制:

● 磁通电流控制(FCC),改善了动态响应和电动机的控制特性。

● 多点 V/F 特性。

②快速电流限制(FCL)功能,避免运行中不应有的跳闸。

③内置的直流注入制动。

④复合制动功能改善了制动特性。

⑤加速/减速斜坡特性具有可编程的平滑功能。

● 起始和结束段带平滑圆弧。

● 起始和结束段不带平滑圆弧。

⑥具有比例、积分和微分(PID)控制功能的闭环控制。

⑦各组参数的设定值可以相互切换。

● 电动机驱动数据组(DDS)。

● 命令数据组和设定值信号源(CDS)。

⑧自由功能块。

⑨动力制动的缓冲功能。

(4)保护特性

①过电压/欠电压保护。

②变频器过热保护。

③接地故障保护。

④短路保护。

⑤I^2t 电动机过热保护。

⑥PTC/KTY 电动机保护。

(5)西门子变频器的外形

西门子 MM420、MM430、MM440 变频器外形如图 9-1 所示。

(6)主电源接线端子

主电源接线端子如图 9-2 所示。

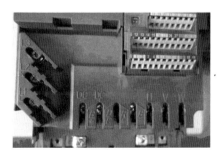

图 9-1　西门子 MM420、MM430、MM440 变频器外形　　　　图 9-2　主电源接线端子

（7）MM430 变频器控制端子

MM430 变频器控制端子如图 9-3 所示。

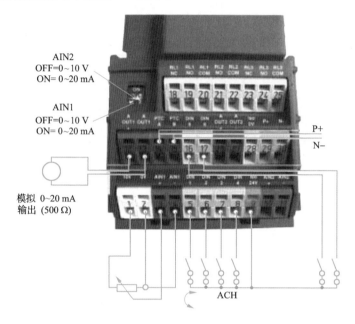

图 9-3　MM430 变频器控制端子

MM430 变频器控制端子接线说明：

①端子 1、2：变频器自身提供的 DC 10 V 电源。其中，端子 1 为正；端子 2 为负。

②端子 3、4、10、11：2 对模拟量输入端子，由 DIP 开关控制。

③端子 5、6、7、8、16、17：数字信号输入端子。

④端子 9、28：公共端子。其中端子 9 为 DC 24 V；端子 28 为 0 V。

⑤端子 12、13、26、27：2 对模拟量输出端子，0~20 mA。

⑥端子 14、15：电动机热保护端子。

⑦端子 18、19、20：继电器触点端子。其中端子 20 为公共端；端子 18、20 是常闭触点；端子 19、20 是常开触点。外加电压：DC 30 V/5 A（电阻负载），AC 250 V/2 A（感性负载）。

⑧端子 21、22：继电器触点端子。其中端子 22 为公共端，是一对常开触点。外加电压：DC 30 V/5 A（电阻负载），AC 250 V/2 A（感性负载）。

⑨端子 23、24、25：继电器触点端子。其中端子 25 为公共端；端子 23、25 是常闭触点；端子 24、25 是常开触点。外加电压：DC 30 V/5 A（电阻负载），AC 250 V/2 A（感性负载）。

⑩端子 29、30：RS-485 电源端子。

MM430 变频器控制端子功能如图 9-4 所示。

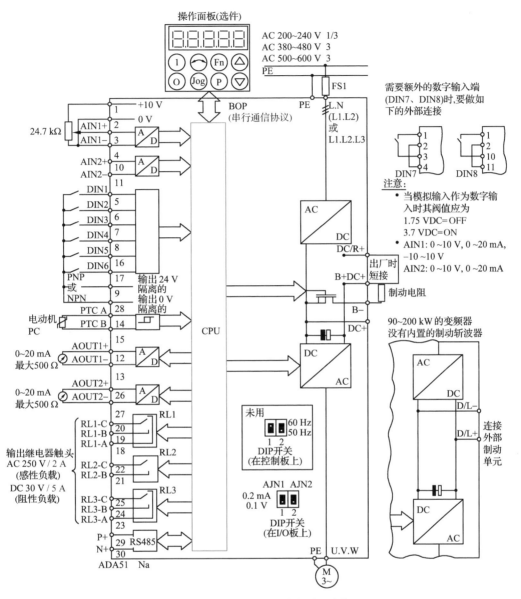

图 9-4 MM430 变频器控制端子功能

2. MM430 变频器使用注意事项

(1) 主电路接线注意事项

① 主电路电源端子 L1、L2、L3，经接触器和空气开关与电源连接，不需要考虑相序。

② 不应以主电路的通断来进行变频器的运行、停止操作，而需要用控制面板上的运行键和停止键或用控制端子来操作。

③ 变频器输出端子（U、V、W）最好经热继电器再接至三相电动机上，当旋转方向与设定不一致时，可更改参数设置或调换 U、V、W 三相中的任意两相。

④ 变频器的输出端子不要连接到电力电容器或浪涌吸收器上。

⑤不能将输出端子 U、V、W 接到三相电源上,否则将损坏变频器。

(2)控制电路接线注意事项

①模拟量控制线

模拟量信号的抗干扰能力较低,应使用屏蔽线,屏蔽层靠近变频器的一端,应接控制电路的公共端,不要接到变频器的地端,屏蔽层的另一端应该悬空。布线时应该遵守以下原则:

- 尽量远离主电路 100 mm 以上。
- 尽量不与主电路交叉,如必须交叉时,应采取垂直交叉的方式。

②开关量控制线

启动、点动、多挡转速控制等的控制线都是开关量控制线。一般来说,模拟量控制线的接线原则也都适用于开关量控制线。但开关量的抗干扰能力较强,故在距离不远时,允许不使用屏蔽线,但同一信号的两根线必须相互绞在一起。如果操作台离变频器较远,应该先将控制信号转换成能远距离传送的信号,再将能远距离传送的信号转换成变频器所需要的信号。

开关量接线时,不能外加电源,否则将烧坏变频器的控制板。

③变频器的接地

从安全及减小噪声的需要出发,为了防止漏电和干扰侵入或辐射,变频器必须接地。根据电气设备技术标准规定,接地电阻应小于或等于国家标准规定值,且用较粗的短线接到变频器的专用接地端子上。当变频器和其他设备,或多台变频器一起接地时,每台设备应分别和地相接,而不允许将一台设备的接地端和另一台设备的接地端相接后再接地,如图 9-5 所示。

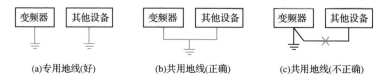

图 9-5 变频器接地方式

3. MM430 变频器的常用参数

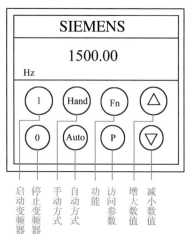

图 9-6 基本操作面板(BOP-2)

MM430 变频器的参数只能用基本操作面板(BOP-2)或者通过串行通信接口进行修改。基本操作面板(BOP-2)如图 9-6 所示。

用 BOP-2 可以修改和设定系统参数,使变频器具有期望的特性,如斜坡时间、最小和最大频率等,选择的参数号和设定的参数值在 5 位数字的 LCD(液晶显示,可选择)上显示。其中,显示参数 r ×××× 表示是一个不能修改的只读参数;显示参数 P ×××× 表示是一个可修改的设定参数。如果试图修改一个参数,而在当前状态下此参数不能修改,例如,不能在运行时修改该参数或者该参数只能在快速调试时才能修改,那么将显示"===="。

某些情况下,在修改参数的数值时,BOP-2 上显示

"busy",最多可达 5 s,这种情况表示变频器正忙于处理优先级更高的任务。

(1)BOP-2 按钮的功能

BOP-2 按钮功能见表 9-1。

表 9-1   BOP-2 按钮功能

显示/按钮	功　能	功能的说明
┌0000	状态显示	LCD 显示变频器当前的设定值
①1	启动变频器	按此键启动变频器,缺省值运行时此键是被封锁的。为了使此键的操作有效,应设定 P0700=1。 此键为绿色
⓪0	停止变频器	OFF1:按此键,变频器将按选定的斜坡下降速度减速停止。缺省值运行时此键是被封锁的。为了使此键的操作有效,应设定 P0700=1 OFF2:按此键两次(或一次,但时间较长),电动机将在惯性作用下自由停止。此功能总是"使能"的 此键为红色
Hand	手动方式	用户的端子板(CD S1)和基本操作面板(BOP-2)是命令源和设定值信号源
Auto	自动方式	用户的端子板(CD S1)或串行接口(USS)或现场总线接口。例如,PROFIBUS 是命令源和设定值信号源
Fn	功能	(1)此键用于浏览辅助信息 (2)变频器运行过程中,在显示任何一个参数时按下此键并保持不动 2 s,将显示以下参数值: 　直流电路电压(用 d 表示,V);输出电流(A);输出频率(Hz);输出电压(用 0 表示,V);由 P0005 选定的数值(如果 P0005 选择显示上述参数中任何一个,这里将不再显示)。连续多次按下此键,将轮流显示以上参数 (3)跳转功能:在显示任何一个参数(r××××或 P××××)时短时间按下此键,将立即跳转到 r0000,如果需要的话,可以接着修改其他参数。跳转到 r0000 后,按此键将返回到原来的显示点 (4)退出:在出现故障或报警的情况下,按此键可以将 BOP-2 上显示的故障或报警信息复位
P	访问参数	按此键即可访问参数
△	增大数值	按此键即可增大面板上显示的参数数值
▽	减小数值	按此键即可减小面板上显示的参数数值

(2)MM430 变频器常用参数介绍

①P0003 为用户参数访问级,缺省值为 1。当 P0003=1,标准级;当 P0003=2,扩展级;当 P0003=3,专家级。

②P0004 为参数过滤器。P0004 取值不同,BOP-2 显示的参数值将不一样。P0004=0 时,无参数过滤功能,可直接访问参数;P0004=2 时,可访问变频器参数;P0004=3 时,可访问电动机参数;P0004=4 时,可访问速度传感器参数;P0004=7 时,可访问命令和数字 I/O 参数;P0004=8 时,可访问模拟 I/O 参数;P0004=10 时,可访问设定值通道和斜坡发生器参数;P0004=13 时,可访问电动机的控制参数;P0004=20 时,可访问通信参数;P0004=22 时,可访问 PI 控制器参数。

③P0010 为调试用的参数过滤器。P0010＝0 表示准备调试,如果 P0010 被访问以后没有设定为 0,变频器将不运行;P0010＝1 表示快速调试变频器参数;P0010＝30 表示恢复变频器的缺省值。

④P0100 为确定使用地区的参数。P0100＝0 时,适用于欧洲国家和中国,频率为 50 Hz;P0100＝2 时,适用于美国,频率为 60 Hz。

⑤P0300 为选择电动机的类型。调试期间,在选择电动机的类型和优化变频器的特性时需要选定这一参数。实际使用的电动机大多是异步电动机。P0300＝1 时,选定为异步电动机;P0300＝2 时,选定为同步电动机。

⑥P0304 为电动机的额定电压。本参数只能在 P0010＝1(快速调试)时进行修改。输入变频器的电动机铭牌数据必须与电动机的接线(Y 形或△形)相一致。如果电动机采取△形接线,就必须输入△形接线的铭牌数据。

⑦P0305 为电动机的额定电流。本参数只能在 P0010＝1(快速调试)时进行修改。

⑧P0307 为电动机的额定功率。本参数只能在 P0010＝1(快速调试)时进行修改。

⑨P0308 为电动机的额定功率因数。本参数只能在 P0010＝1(快速调试)时进行修改。

⑩P0310 为电动机的运行频率。本参数只能在 P0010＝1(快速调试)时进行修改。

⑪P0311 为电动机的额定速度。本参数只能在 P0010＝1(快速调试)时进行修改。

⑫P0700 为选择命令源。P0700＝0 表示是工厂的缺省设置;P0700＝1 表示由 BOP-2 设置;P0700＝2 表示由端子排输入设置;P0700＝4 表示由 BOP 链路的 USS 设置;P0700＝5 表示由 COM 链路的 USS 设置。

⑬P0701 为数字输入 1 的功能(控制端子 5)。常用的设定值有:P0701＝0 时,禁止数字输入;P0701＝1 时,接通正转/断开停止;P0701＝2 时,接通反转/断开停止;P0701＝3 时,按惯性自由停止;P0701＝4 时,按斜坡函数曲线快速降速;P0701＝12 时,反转;P0701＝13 时,使用电位器控制升速(增大频率);P0701＝14 时,使用电位器控制降速(减小频率);P0701＝15 时,按设定的固定频率运行;P0701＝16 时,按固定频率相加的方式运行。

⑭P0702 为数字输入 2 的功能(控制端子 6)。设定值同 P0701。

⑮P0703 为数字输入 3 的功能(控制端子 7)。设定值同 P0701。

⑯P0704 为数字输入 4 的功能(控制端子 8)。设定值同 P0701。

⑰P0705 为数字输入 5 的功能(控制端子 16)。设定值同 P0701。

⑱P0706 为数字输入 6 的功能(控制端子 17)。设定值同 P0701。

⑲P0970 为恢复缺省值。P0970＝0 时,禁止复位;P0970＝1 时,参数复位。恢复缺省值时,首先设定 P0010＝3,然后设定 P0970＝1 即可。

⑳P1000 为频率设定值的选择。P1000＝0 或 20 时,无频率设定值;P1000＝1 时,频率设定可由 BOP-2 的增大/减小数值键设置,也可由参数 P1040 设置;P1000＝2 时,频率设定由 AIN1、AIN2 端子输入的模拟量控制;P1000＝3 时,设定为固定频率,频率可相加。

㉑P1001 为固定频率设定值,对应端子 5 的频率设定。

㉒P1002 为固定频率设定值,对应端子 6 的频率设定。

㉓P1003 为固定频率设定值,对应端子 7 的频率设定。

㉔P1004 为固定频率设定值,对应端子 8 的频率设定。

㉕P1005 为固定频率设定值,对应端子 16 的频率设定。

㉖P1006 为固定频率设定值,对应端子 17 的频率设定。

㉗P1040 为 P1000＝1 时,变频器输出的频率。

㉘P1080 为变频器输出的下限频率,即电动机运行的下限频率。

㉙P1082 为变频器输出的上限频率,即电动机运行的上限频率。

㉚P1110 为禁止负的频率设定值。P1110＝1 时,禁止反向运行;P1110＝0 时,允许反向运行。

㉛P1120 为变频器启动时输出频率的增大时间,即电动机启动时间。

㉜P1121 为变频器停止时输出频率的减小时间,即电动机停止时间。

任务实施

1. 用 BOP-2 控制电动机的变频运行

(1)参数设置

P0010＝0 时,准备调试;P0700＝1 时,由 BOP-2 控制变频器的运行;P1000＝1 时,变频器的输出频率设定由 BOP-2 的 △、▽ 键设置。

(2)变频器运行

①按下 BOP-2 的 Ⅰ 键,启动电动机。

②在电动机转动时,按 BOP-2 的 △ 键,使电动机频率增大到 50 Hz。

③在电动机频率达到 50 Hz 时,按 BOP-2 的 ▽ 键,使电动机速度及其显示值都减小。

④按下 BOP-2 的 0 键,停止电动机。

2. 使用电位器控制变频器的输出频率

(1)参数设置

P0010＝0 时,准备调试;P0700＝1 时,由 BOP-2 控制变频器的运行(P0700＝2,由端子板控制变频器的运行);P1000＝2 时,变频器的输出频率设定由输入模拟量设置。

(2)变频器运行

按图 9-7 所示对变频器接线。

①按下 BOP-2 的 Ⅰ 键,启动电动机。

②改变电位器的电阻值,就可以改变变频器的输出频率。

③按下 BOP-2 的 ⓪ 键,停止电动机。

3. 变频器控制电动机正、反转运行

(1)变频器控制电动机正、反转运行的接线

变频器控制电动机正、反转运行的接线如图 9-8 所示。

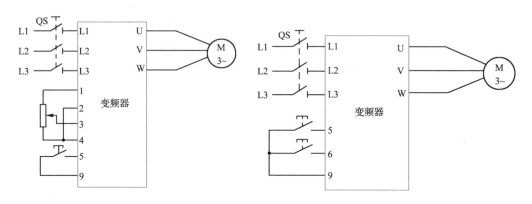

图 9-7　使用电位器控制变频器输出频率的接线　　　　图 9-8　变频器控制电动机正、反转接线

(2)变频器参数设置

将电动机的参数输入变频器,同时根据控制要求,将变频器相关参数也输入变频器。MM430 变频器参数设置见表 9-2。

表 9-2　　　　　　　　　　　　　任务 1 MM430 变频器参数设置

参　数	设定值	说　明
P0003	1	用户参数访问级为标准级
P0004	0	可访问全部参数
P0010	1	快速调试
P0100	0	设定频率为 50 Hz
P0304	380	设定电动机的额定电压为 380 V
P0305	1.6	设定电动机的额定电流为 1.6 A
P0307	0.55	设定电动机的额定功率为 0.55 kW
P0310	50	设定电动机的运行频率为 50 Hz
P0700	2	选择由端子排输入设置
P1000	1	频率由 BOP-2 设定为固定值
P1080	30	电动机运行的下限频率
P1082	50	电动机运行的上限频率
P1120	5	电动机启动时间

参　数	设定值	说　明
P1121	5	电动机停止时间
P3900	1	快速调试结束
P0003	3	用户参数访问级为专家级
P0004	7	访问命令和数字 I/O 参数
P0010	0	变频器恢复正常调试
P0701	1	设置端子 5 与端子 9 接通时电动机正转,断开停止
P0702	2	设置端子 6 与端子 9 接通时电动机反转,断开停止
P1110	0	允许反转运行

（3）调试运行

在 BOP-2 上调试好上述参数后,可以运行变频器。

当端子 5 与端子 9 接通时,电动机按设置的下限频率 30 Hz 正转运行,达到 30 Hz 的启动时间为 5 s;断开端子 5 与端子 9,电动机从 30 Hz 到停止的时间为 5 s。改变参数 P1120、P1121 的数值可改变电动机启动和停止时间。

当端子 6 与端子 9 接通时,电动机按设置的下限频率 30 Hz 反转运行,达到 30 Hz 的启动时间为 5 s;断开端子 6 与端子 9,电动机从 30 Hz 到停止的时间为 5 s。改变参数 P1120、P1121 的数值可改变电动机启动和停止时间。

当设置参数 P1000＝1 时,电动机运行频率由参数 P1040 的设置值决定。

任务 2　了解 PLC 与变频器组成的调速系统

任务引入

变频器虽然有各种运算操作方法,但都是应用按钮开关手动来实现对生产机械的变频调速控制,在转速变换时需要停止操作才能实现。如何来实现变频调速的自动控制呢？最好的办法是将变频器和 PLC 配合使用,通过对 PLC 编程,实现对变频器的控制。

任务分析

PLC 对变频器的控制,主要是对变频器的控制端子实施控制。西门子变频器的控制方式主要是外部控制＋BOP-2 参数调节。要完成本任务,必须具备以下知识:

（1）掌握 PLC 与变频器之间的连接方法与控制方式。

（2）实现 PLC 控制变频器进行工频与变频状态的切换控制。

（3）实现 PLC 控制变频器实现对电动机多段速的调速控制。

任务实施

1. 控制要求

在交流变频调速系统中,根据工艺要求,常常需要选择工频运行或变频运行。变频运行时,电动机可以正转运行,也可以反转运行。当变频器异常时,切换到工频电源运行;或者在变频器频率增大到 50 Hz 并保持长时间运行时,将电动机切换到工频电网运行。

2. 实施设备

FX$_{2N}$-64MR PLC	1台;
MM430 变频器	1台;
0.55 kW 4 极三相异步电动机	1台;
控制板	1块。

3. 设计步骤

(1)变频与工频切换控制接线图

变频与工频切换控制接线图如图 9-9 所示。

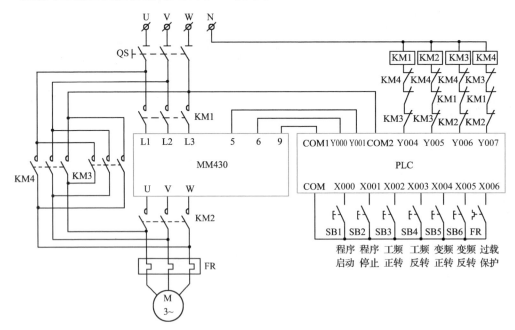

图 9-9 变频与工频切换控制接线图

（2）I/O信号分配

I/O信号分配见表 9-3。

表 9-3   I/O 信号分配

输入（I）			输出（O）		
元　件	功　能	信号地址	元　件	功　能	信号地址
SB1	程序启动按钮	X000	变频器端子 5	电动机正转控制信号	Y001
SB2	程序停止按钮	X001	变频器端子 6	电动机反转控制信号	Y000
SB3	工频正转按钮	X002	KM1	变频器输入电源控制	Y004
SB4	工频反转按钮	X003	KM2	变频器输出电源控制	Y005
SB5	变频正转按钮	X004	KM3	电动机工频正转控制	Y006
SB6	变频反转按钮	X005	KM4	电动机工频反转控制	Y007
FR	过载保护	X006			

（3）变频器参数设置

MM430 变频器参数设置见表 9-4。

表 9-4   任务 2 MM430 变频器参数设置

参　数	设定值	说　明
P0003	1	用户参数访问级为标准级
P0004	0	可访问全部参数
P0010	1	快速调试
P0100	0	设定频率为 50 Hz
P0304	380	设定电动机的额定电压为 380 V
P0305	1.6	设定电动机的额定电流为 1.6 A
P0307	0.55	设定电动机的额定功率为 0.55 kW
P0310	50	设定电动机的运行频率为 50 Hz
P0700	2	选择由端子排输入设置
P1000	1	频率由 BOP-2 设定为固定值
P1080	30	电动机运行的下限频率
P1082	50	电动机运行的上限频率
P1120	5	电动机启动时间
P1121	5	电动机停止时间
P3900	1	快速调试结束
P0010	0	变频器恢复正常调试
P0003	3	用户参数访问级为专家级
P0004	7	访问命令和数字 I/O 参数
P0701	1	设置端子 5 与端子 9 接通时电动机正转，断开停止
P0702	2	设置端子 6 与端子 9 接通时电动机反转，断开停止
P1110	0	允许反转运行

以上参数按顺序调试好后,电动机将按设定的最小频率 30 Hz 运行,如要改变电动机速度,可改变设定的最小频率数值,电动机将按改动的频率运行。

(4)PLC 控制变频器的梯形图

PLC 控制变频器的梯形图如图 9-10 所示。

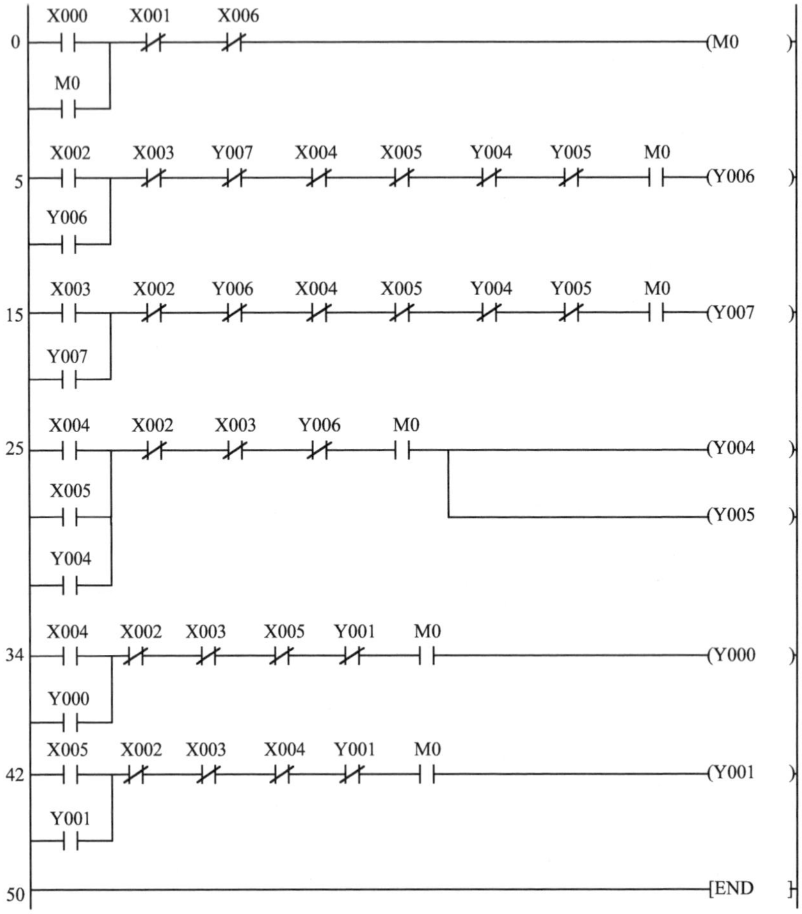

图 9-10　PLC 控制变频器的梯形图

4.　程序讲解

将变频器调试好后,PLC 的程序设计相对比较简单。但程序设计时,要考虑以下问题:

(1)变频器的输出端绝对不允许外加电源,否则将造成变频器的损坏。所以在程序设计时,控制 KM3、KM4 的输出继电器 Y006、Y007 与控制 KM1、KM2 的输出继电器 Y004、Y005 一定不能同时输出;同时,在外部接线上 KM3 和 KM4 与 KM1 和 KM2 之间也要加电气互锁。

(2)Y000、Y001 是控制电动机正转与反转输出电源的信号,其控制电源由变频器的端子 9 提供。当输出继电器 Y000 得电,变频器的端子 5 接通,电动机有正转信号;当输出继电器 Y001 得电,变频器的端子 6 接通,电动机有反转信号。变频器加上电源时,电动机就能按要求进行正转或反转。

5. 调试运行

（1）在老师的指导下，正确接好变频器的电源和接地线，并要熟悉变频器使用的注意事项。

（2）掌握用 BOP-2 调试参数的方法，正确调试变频器的参数。

（3）直接将电动机接在变频器的输出电源上，给变频器加上电源，检验变频器参数设置的正确性，直到将变频器的参数调试合适。

（4）将梯形图指令输入 PLC 主机，运行调试程序的正确性。

（5）按图 9-9 完成 PLC 的外部接线。

（6）确认控制系统及程序正确无误后，分步骤通电试运行，先验证变频情况下的电动机正转与反转运行；正确无误后，再验证工频情况下的电动机运行。都正确后就可以按要求运行电动机。

（7）在老师的指导下，分析可能出现故障的原因。

知识拓展

1. 控制要求

在实际生产中，很多生产机械的正、反转运行，其速度需要经常改变。通过设置变频器参数，使用 PLC 对变频器进行控制就能达到目的。

如图 9-11 所示是变频器实际运行曲线，按曲线要求设置变频器参数，设计 PLC 程序，使电动机启动后按频率曲线运行。

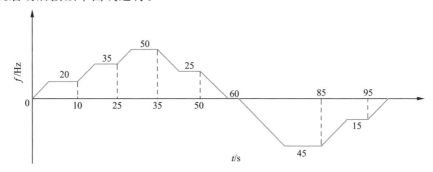

图 9-11　6 段速度运行曲线

2. 实施设备

FX$_{2N}$-64MR PLC	1 台；
MM430 变频器	1 台；
0.55 kW 4 极三相异步电动机	1 台；
控制板	1 块。

3. 设计步骤

（1）多段速度运行控制接线图

6 段速度运行控制接线图如图 9-12 所示。

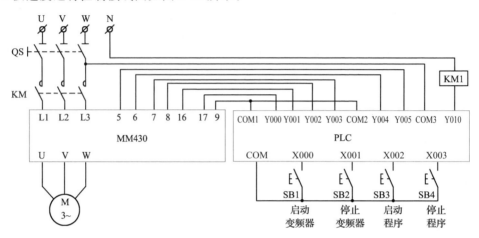

图 9-12　6 段速度运行控制接线图

（2）变频器端子设置

在端子排输入设置模式下（P0700＝2），设置端子 5、6、7、8、16、17 的接通频率，见表 9-5。

表 9-5　　　　　　　　　　　6 段速度与输入端子频率设置

控制端子	5	6	7	8	16	17
参数设定值	P0701＝1	P0702＝2	P0703＝15	P0704＝15	P0705＝15	P0706＝15
频率设定值/Hz	P1001＝0	P1002＝0	P1003＝20	P1004＝15	P1005＝15	P1006＝25

6 段速度与输入端子状态关系见表 9-6。

表 9-6　　　　　　　　　　　6 段速度与输入端子状态关系

各输入端子的状态（与端子 9 接通）						变频器输出频率/Hz
5	6	7	8	16	17	
ON	OFF	ON	OFF	OFF	OFF	正向：20
ON	OFF	ON	ON	OFF	OFF	正向：35
ON	OFF	ON	ON	ON	OFF	正向：50
ON	OFF	OFF	OFF	OFF	ON	正向：25
OFF	ON	ON	OFF	OFF	ON	反向：45
OFF	ON	OFF	ON	OFF	OFF	反向：15

表 9-6 说明：

①当端子 5 和端子 9 接通时，变频器正向启动，但输出频率为 0 Hz；当端子 5、7 和端子 9 同时接通时，变频器正向启动，同时按端子 7 的设定频率 20 Hz 运行；当端子 5、7、8 和端

子同时接通时,变频器正向启动,同时按端子 7 与端子 8 的相加频率 20 Hz＋15 Hz＝35 Hz 运行。以此类推。

②当端子 6 和端子 9 接通时,变频器反向启动,但输出频率为 0 Hz;当端子 6、7、17 和端子 9 同时接通时,变频器反向启动,同时按端子 7 与端子 17 的相加频率 20 Hz＋25 Hz＝45 Hz 运行;当端子 6、8 和端子 9 同时接通时,变频器反向启动,同时按端子 8 的设定频率 15 Hz 运行。

(3)变频器参数设置

MM430 变频器参数设置见表 9-7。

表 9-7   6 段速度运行控制 MM430 变频器参数设置

参　数	设定值	说　明
P0003	1	用户参数访问级为标准级
P0004	0	可访问全部参数
P0010	1	快速调试
P0100	0	设定频率为 50 Hz
P0304	380	设定电动机的额定电压为 380 V
P0305	1.6	设定电动机的额定电流为 1.6 A
P0307	0.55	设定电动机的额定功率为 0.55 kW
P0310	50	设定电动机的运行频率为 50 Hz
P0700	2	选择由端子排输入设置
P1000	3	频率由 BOP-2 设定为固定值
P1040	0	变频器输出的基底频率
P1080	0	电动机运行的下限频率
P1082	50	电动机运行的上限频率
P1120	5	电动机启动时间
P1121	5	电动机停止时间
P3900	1	快速调试结束
P0010	0	变频器恢复正常调试
P0003	3	用户参数访问级为专家级
P0004	7	访问命令和数字 I/O 参数
P0701	1	设置端子 5 与端子 9 接通时电动机正转,断开停止
P0702	2	设置端子 6 与端子 9 接通时电动机反转,断开停止
P0703	15	允许频率相加
P0704	15	允许频率相加
P0705	15	允许频率相加
P0706	15	允许频率相加
P1110	0	允许反转运行
P0004	10	设定值通道和斜坡函数发生器
P1001	0	设定端子 5 的接通频率
P1002	0	设定端子 6 的接通频率
P1003	20	设定端子 7 的接通频率
P1004	15	设定端子 8 的接通频率
P1005	15	设定端子 16 的接通频率
P1006	25	设定端子 17 的接通频率

(4)I/O 信号分配

I/O 信号分配见表 9-8。

表 9-8　　　　　　　　　　　　　6 段速度运行控制 I/O 信号分配

输入(I)			输出(O)		
元　件	功　能	信号地址	元　件	功　能	信号地址
SB1	启动变频器按钮	X000	变频器端子 5	电动机正转控制信号	Y005
SB2	停止变频器按钮	X001	变频器端子 6	电动机反转控制信号	Y004
SB3	启动程序按钮	X002	变频器端子 7	变频器输出频率 20 Hz	Y003
SB4	停止程序按钮	X003	变频器端子 8	变频器输出频率 15 Hz	Y002
			变频器端子 16	变频器输出频率 15 Hz	Y001
			变频器端子 17	变频器输出频率 25 Hz	Y000
			KM	控制变频器的启动	Y010

(5)PLC 控制变频器的梯形图

梯形图如图 9-13 所示。

4. 程序讲解

(1)当 X000＝ON 时,M0 线圈得电,输出继电器 Y010 线圈得电,使交流接触器 KM 线圈得电,其主触点闭合,变频器得电。

(2)变频器得电后,当要变频器按图 9-11 所示曲线运行时,按下按钮 SB3(X000＝ON),程序按频率曲线运行。开始时,PLC 的输出继电器 Y005(控制电动机正转)、Y003(控制变频器输出频率 20 Hz)得电,变频器输出频率 20 Hz;10 s 后,Y005、Y003、Y002 控制变频器输出频率 15 Hz 得电,变频器输出频率为 20 Hz＋15 Hz＝35 Hz;25 s 后,Y005、Y003、Y002、Y001(控制变频器输出频率 15 Hz)得电,变频器输出频率为 20 Hz＋15 Hz＋15 Hz＝50 Hz;35 s 后,Y005、Y000(控制变频器输出频率 25 Hz)得电,变频器输出频率 25 Hz;50 s 后,Y005、Y000 失电,变频器正转停止;58 s 后,Y004(控制电动机反转)得电,变频器反向输出频率启动;60 s 后,Y004、Y003(控制变频器输出频率 20 Hz)、Y000(控制变频器输出频率 25 Hz)得电,变频器输出频率为 20 Hz＋25 Hz＝45 Hz;85 s 后,Y004、Y002(控制变频器输出频率 15 Hz)得电,变频器输出频率为 20 Hz;95 s 后,Y004、Y002 失电,变频器反转停止。频率曲线运行完毕。

(3)如要再次运行,再次按下 SB3 即可,停止时,按下 SB4。

5. 调试运行

(1)在老师的指导下,正确接好变频器的电源和接地线。

(2)按表 9-7 正确调试变频器的参数,并掌握变频器参数的含义。

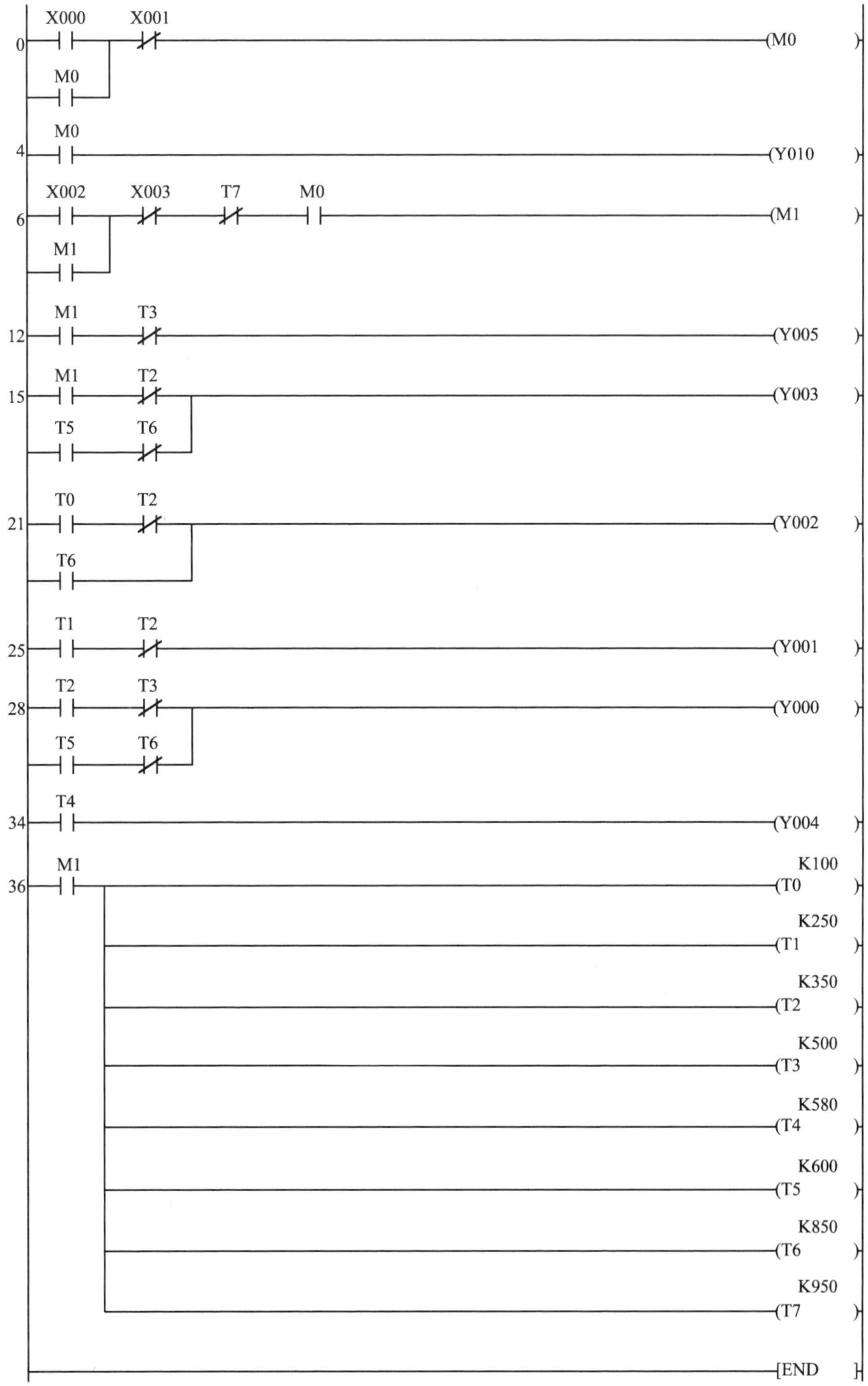

```
0   X000  X001                                              (M0 )
    ├─┤ ├──┤/├────────────────────────────────────────────
    M0
    ├─┤ ├─┘

4   M0                                                      (Y010)
    ├─┤ ├──────────────────────────────────────────────────

6   X002  X003   T7    M0                                   (M1 )
    ├─┤ ├──┤/├───┤/├───┤ ├──────────────────────────────────
    M1
    ├─┤ ├─┘

12  M1    T3                                                (Y005)
    ├─┤ ├──┤/├──────────────────────────────────────────────

15  M1    T2                                                (Y003)
    ├─┤ ├──┤/├─┐────────────────────────────────────────────
    T5    T6  │
    ├─┤ ├──┤/├─┘

21  T0    T2                                                (Y002)
    ├─┤ ├──┤/├─┐────────────────────────────────────────────
    T6        │
    ├─┤ ├──────┘

25  T1    T2                                                (Y001)
    ├─┤ ├──┤/├──────────────────────────────────────────────

28  T2    T3                                                (Y000)
    ├─┤ ├──┤/├─┐────────────────────────────────────────────
    T5    T6  │
    ├─┤ ├──┤/├─┘

34  T4                                                      (Y004)
    ├─┤ ├──────────────────────────────────────────────────

36  M1                                                 K100 (T0 )
    ├─┤ ├──┬────────────────────────────────────────────────
           │                                           K250 (T1 )
           │                                           K350 (T2 )
           │                                           K500 (T3 )
           │                                           K580 (T4 )
           │                                           K600 (T5 )
           │                                           K850 (T6 )
           └─────────────────────────────────────────  K950 (T7 )

                                                            [END]
```

图 9-13 6 段速度运行控制梯形图

(3)将梯形图指令输入 PLC 主机,运行调试程序的正确性。

(4)按图 9-12 完成 PLC 的外部接线。

(5)确认控制系统及程序正确无误后,启动程序,观察变频器是否按频率曲线运行。

(6)在老师的指导下,分析可能出现故障的原因。

能力测试

(1)设置一台 3 kW 三相异步电动机的运行,启动时间 5 s,停止时间 10 s,正转和反转频率 45 Hz,并能实现正转和反转点动。

(2)设置变频器的参数,使一台 5.5 kW 三相异步电动机具有 7 段速度选择。其频率按如图 9-14 所示的频率设定选择。要求按不同的按钮变频器具有不同的输出频率。

要求:设置变频器参数,设计 PLC 控制程序、控制系统外部接线图,实际接线调试、运行。

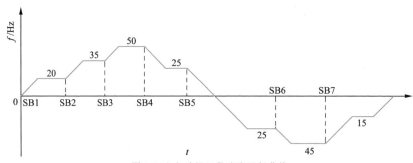

图 9-14 电动机 7 段速度运行曲线

参考文献

[1]郁汉琪.电气控制与可编程序控制器应用技术[M].2版.南京:东南大学出版社,2009.

[2]钟肇新,冯太合,潘国平.可编程序控制器原理及应用[M].2版.广州:华南理工大学出版社,2016.

[3]李俊秀.可编程序控制器应用技术[M].2版.北京:化学工业出版社,2015.

[4]张伟林.电气控制与PLC综合应用技术[M].北京:人民邮电出版社,2009.

[5]薛晓明.变频器技术与应用[M].北京:北京理工大学出版社,2009.

[6]刘建华,张静之.传感器与PLC应用[M].北京:科学出版社,2009.

附　录

附录1　FX₃ᵤ系列特殊软元件一览

因为 FX₃ᵤ系列 PLC 是比 FX₂ₙ更高一级的版本,其硬件资源是向下兼容的,故本书只列出 FX₃ᵤ系列 PLC 的特殊软元件。FX₂ₙ系列 PLC 的特殊软元件与 FX₃ᵤ系列 PLC 的特殊软元件的作用一样,本书不再单独列出。

特殊辅助继电器(表中简称为特 M)和特殊数据寄存器(表中简称为特 D)的种类以及其功能如下所示。未定义以及未记载的特殊辅助继电器和特殊数据寄存器为 CPU 占用区域。因此,请勿在顺控程序中使用。此外,类似[M]8000、[D]8001 这样的用"[ ]"表示的软元件,请不要在程序中执行驱动以及输入。

附表 1-1　　　　　　　　　　　特殊辅助继电器(M8000～M8511)

编号/名称	动作/功能	对应特殊软元件
PC 状态		
[M]8000 RUN 监控 a 触点		—
[M]8001 RUN 监控 b 触点		—
[M]8002 初始脉冲 a 触点		—
[M]8003 初始脉冲 b 触点		
[M]8004 出错发生	M8060,M8061,M8064,M8065,M8066,M8067 中任意一个为 ON 时接通	D8004
[M]8005 电池电压过小	当电池电压异常小时接通	D8005

续表

编号/名称	动作/功能	对应特殊软元件
[M]8006 电池电压过小锁存	检测出电池电压异常小时位置	D8006
[M]8007 检测出瞬间停电	检测出瞬时停电时,维持 1 个扫描周期为 ON 即使 M8007 接通,如果电源电压减小的时间在 D8008 的时间以内,可编辑控制器的运行继续	D8007 D8008
[M]8008 检测出停电中	检测出瞬时停电时被置位,如果电源电压减小的时间超出 D8008 的时间,则 M8008 被复位,可编程控制器的运行停止(M8000＝OFF)	D8008
[M]8009 DC24V 掉电	扩展单元的 DC24V 掉电时接通	D8009
时钟		
[M]8010	不可以使用	—
[M]8011 10 ms 时钟	10 ms 周期的 ON/OFF(ON:5 ms,OFF:5 ms)	—
[M]8012 100 ms 时钟	100 ms 周期的 ON/OFF(ON:50 ms,OFF:50 ms)	—
[M]8013 1 s 时钟	1 s 周期的 ON/OFF(ON:500 ms,OFF:500 ms)	—
[M]8014 1 min 时钟	1 min 周期的 ON/OFF(ON:30 s,OFF:30 s)	—
M8015	停止计时以及预置实时时钟用	—
M8016	时间读出后的显示被停止实时时钟用	—
M8017	±30 s 补偿修正实时时钟用	—
[M]8018	检测出安装(一直为 ON)实时时钟用	—
M8019	实时时钟(RTC)出错实时时钟用	—
标志位		
[M]8020 零位	加、减法运算结果为 0 时接通	
[M]8021 借位	减法运算结果小于最大的负值时接通	—
M8022 进位	加法运算结果发生进位时,或者移位结果发生溢出时接通	
[M]8023	不可以使用	
M8024①	指定 BMOV 方向(FNC 15)	—
M8025①	HSC 模式(FNC 53～55)	—
M8026①	RAMP 模式(FNC 67)	—
M8027①	PR 模式(FNC 77)	—
M8028	FROM/TO(FNC 78,79)指令执行过程中允许中断	—
[M]8029 指令执行结束	DSW(FNC 72)等的动作结束时接通	—

编号/名称	动作/功能	对应特殊软元件
PC 模式		
M8030② 电池 LED 灭灯指示	驱动 M8030 后,即使电池电压小,可编程控制器面板上的 LED 也不亮灯	—
M8031② 非保持存储区全部清除	驱动了这个特 M 后,Y、M、S、T、C 的 ON/OFF 映象存储区以及 T、C、D(包含特 D)、R 的当前值被清零。但是程序内存中的文件寄存器(D)和存储器盒中的扩展文件寄存器(ER)不被清除	—
M8032② 保持存储区全部清除		—
M8033 内存保持停止	从 RUN 到 STOP 状态时,映象存储区和数据存储区的内容按照原样保持	—
M8034② 禁止所有输出	可编辑控制器的外部输出触点全部断开	—
M8035 强制 RUN 模式	表示无论 RUN 输入是否为 ON,当 M8035 或 M8036 由编程器强制为 ON 时,PLC 运行,在 PLC 运行时,若 M8037 强制为 OFF,则 PLC 停止运行	—
M8036 强制 RUN 指令		—
M8037 强制 STOP 指令		—
[M]8038 参数的设定	通信参数设定的标志位(设定简易 PC 之间的链接用)	D8176~D8180
M8039 恒定扫描模式	M8039 接通后,一直等待到 D8039 中指定的扫描时间到,可编辑控制器执行这样的循环扫描运算	D8039
步进梯形图/信号报警器		
M8040 禁止转移	驱动 M8040 时,禁止状态之间的转移	—
[M]8041① 转移开始	自动运行时,可以从初始状态开始转移	—
[M]8042 启动脉冲	对应启动输入的脉冲输出	—
M8043① 原点回归结束	请在原点回归模式的结束状态中置位	—
M8044① 原点条件	请在检测出机械原点时驱动	—
M8045 所有输出复位禁止	切换模式时,所有输出的复位都不执行	—
[M]8046② STL 状态动作	当 M8047 接通时,S0~S899,S1000~S4095 中任意一个为 ON 则接通	D8047
M8047② STL 监控有效	驱动了这个特 M 后,D8040~D8047 有效	D8040~D8047
[M]8048② 信号报警器动作	当 M8049 接通时,S900~S999 中任意一个为 ON 则接通	—
M8049① 信号报警器有效	驱动这个特 M 时,D8049 的动作有效	D8049 M8048

续表

编号/名称	动作/功能	对应特殊软元件
禁止中断		
M8050① （输入中断） I00□禁止		—
M8051① （输入中断） I10□禁止		—
M8052① （输入中断） I20□禁止		—
M8053① （输入中断） I30□禁止	(1)禁止输入中断或定时器中断的特 M 接通时 即使发生输入中断或定时器中断，由于禁止了该中断的接收，所以不处理中断程序 例如，M8050 接通时，禁止接收中断 I00□，所以即使是在允许中断的程序范围内，也不处理中断程序 (2)禁止输入中断或定时器中断的特 M 断开时 ①发生输入中断或定时器中断时，接收中断 ②如果是用 EI(FNC 04)指令允许中断，会立即执行中断程序。但是，如果 DI(FNC 05)指令禁止中断，一直到用 EI(FNC 04)指令允许中断为止，等待中断程序的执行	—
M8054① （输入中断） I40□禁止		—
M8055① （输入中断） I50□禁止		—
M8056① （定时器中断） I6□□禁止		—
M8057① （定时器中断） I7□□禁止		—
M8058① （定时器中断） I8□□禁止		—
M8059① 计数器中断禁止	使用 I010～I060 的中断禁止	
高速计数器比较/高速表格/定位		
M8130	HSZ(FNC 55)指令,表格比较模式	D8130
[M]8131	同上的执行结束标志位	
M8132	HSZ(FNC 55),PLSY(FNC 57)指令,速度模型模式	D8131～D8134
[M]8133	同上的执行结束标志位	
[M]8134～[M]8137	不可以使用	—
[M]8138	HSCT(FNC 280)指令,执行结束标志化	D8138
[M]8139	HSCS(FNC 53)、HSCR(FNC 54)、HSZ(FNC 55)、HSCT(FNC 280)指令高速计数器比较指令执行中	D8139
简易 PC 间链接		
[M]8180～[M]8182	不可以使用	—
[M]8183	数据传送顺控出错(主站)	D8201～D8218
[M]8184	数据传送顺控出错(1 号站)	
[M]8185	数据传送顺控出错(2 号站)	
[M]8186	数据传送顺控出错(3 号站)	
[M]8187	数据传送顺控出错(4 号站)	
[M]8188	数据传送顺控出错(5 号站)	
[M]8189	数据传送顺控出错(6 号站)	
[M]8190	数据传送顺控出错(7 号站)	
[M]8191	数据传送顺控的执行中	
[M]8192～[M]8197	不可以使用	—

编号/名称	动作/功能		对应特殊软元件
高速计数器倍增的指定			
[M]8198①③	C251、C252、C254 用 1 倍/4 倍的切换		—
[M]8199①③	C253、C255、C253(OP)用 1 倍/4 倍的切换		—
计数器 增/减计数的计数/方向			
M8200~M234	C200~234	M8□□□ 动作后,与其对应的 C□□□ 变为递减模式 ON:减计数动作 OFF:增计数动作	—
高速计数器 增/减计数的计数方向			
M8235~M8245	C235~C245	M8□□□ 动作后,与其对应的 C□□□ 变为递减模式 ON:减计数动作 OFF:增计数动作	—
高速计数器 递增/递减计数器的监控			
[M]8246~[M]8254	C246~C254	单向双输入计数器,双相双输入计数器的 C□□□ 为递减模式时,与其对应的 M□□□ 为 ON OFF:减计数动作时 ON:增计数动作时	—
模拟量特殊适配器			
M8260~M8269	第 1 台的特殊适配器④		—
M8270~M8279	第 2 台的特殊适配器④		—
M8280~M8289	第 3 台的特殊适配器④		—
M8290~M8299	第 4 台的特殊适配器④		—
[M]8300~[M]8315	不可以使用		—
标志位			
[M]8300~[M]8303	不可以使用		—
[M]8304⑤零位	乘法运算结果为 0 时,置 ON		—
[M]8305	不可以使用		—
[M]8306⑤进位	除法运算结果溢出时,置 ON		—
[M]8307~[M]8315	不可以使用		—
I/O 未安装指定出错/标志位			
[M]8316⑥	I/O 非安装指定出错		D8316 D8317
[M]8317	不可以使用		—
[M]8318	BFM 初始化失败 STOP→RUN,对于用 BFM 初始化功能指定的特殊扩展模板/单元,发生针对其的 FROM/T0 错误时接通,发生出错的单元号被保存在 D8313 中,BFM 号被保存在 D8319 中		D8318 D8319
[M]8319~[M]8327	不可以使用		—
[M]8328	指令不执行		—
[M]8329	执行执行异常结束		—

续表

编号/名称	动作/功能	对应特殊软元件
定时时钟/定位		
[M]8330	DUTY(FNC 186)指令,定时时钟的输出 1	D8330
[M]8331	DUTY(FNC 186)指令,定时时钟的输出 2	D8331
[M]8332	DUTY(FNC 186)指令,定时时钟的输出 3	D8332
[M]8333	DUTY(FNC 186)指令,定时时钟的输出 4	D8333
[M]8334	DUTY(FNC 186)指令,定时时钟的输出 5	D8334
[M]8335	不可以使用	—
M8336①	DVIT(FNC 151)指令,中断输入指定功能有效	D8336
[M]8337	不可以使用	—
M8338	PLSV(FNC 157)指令,加、减速动作	—
[M]8339	不可以使用	—
[M]8340	[Y000]脉冲输出中监控（ON：BUSY/OFF：READY）	—
M8341①	[Y000]清除信号输出功能有效	—
M8342①	[Y000]指定原点回归方向	—
M8343	[Y000]正转极限	—
M8344	[Y000]反转极限	—
M8345①	[Y000]近点 DOG 信号逻辑反转	—
M8346①	[Y000]零点信号逻辑反转	—
M8347①	[Y000]中断信号逻辑反转	—
[M]8348	[Y000]定位指令驱动中	—
M8349①	[Y000]脉冲输出停止指令	—
定位		
[M]8350	[Y001]脉冲输出中监控（ON：BUSY/OFF：READY）	—
M8351①	[Y001]清除信号输出功能有效	—
M8352①	[Y001]指定原点回归方向	—
M8353	[Y001]正转极限	—
M8354	[Y001]反转极限	—
M8355①	[Y001]近点 DOG 信号逻辑反转	—
M8356①	[Y001]零点信号逻辑反转	—
M8357①	[Y001]中断信号逻辑反转	—
[M]8358	[Y001]定位指令驱动中	—
M8359①	[Y001]脉冲输出指令停止	—
[M]8360	[Y002]脉冲输出中监控（ON：BUSY/OFF：READY）	—
M8361①	[Y002]清除信号输出功能有效	—
M8362①	[Y002]指定原点回归方向	—
M8363	[Y002]正转极限	—
M8364	[Y002]反转极限	—
M8365①	[Y002]近点 DOG 信号逻辑反转	—
M8366①	[Y002]零点信号逻辑反转	—
M8367①	[Y002]中断信号逻辑反转	—

编号/名称	动作/功能	对应特殊软元件
[M]8368	[Y002]定位指令驱动中	—
M8369①	[Y002]脉冲输出指令停止	—
[M]8370⑦	[Y003]脉冲输出中监控(ON:BUSY/OFF:READY)	—
M8371①⑦	[Y003]清除信号输出功能有效	—
M8372①⑦	[Y003]指定原点回归方向	—
M8373⑦	[Y003]正转极限	—
M8374⑦	[Y003]反转极限	—
M8375①⑦	[Y003]近点 DOG 信号逻辑反转	—
M8376①⑦	[Y003]零点信号逻辑反转	—
M8377①⑦	[Y003]中断信号逻辑反转	—
[M]8378⑦	[Y003]定位指令驱动中	—
M8379①⑦	[Y003]脉冲输出指令停止	—
高速计数器功能		
[M]8380⑧	C235、C241、C244、C246、C247、C249、C251、C252、C254 的动作状态	—
[M]8381⑧	C236 的动作状态	—
[M]8382⑧	C237、C242、C245 的动作状态	—
[M]8383⑧	C238、C248、C248(OP)、C250、C253、C255 的动作状态	—
[M]8384⑧	C239、C243 的动作状态	—
[M]8385⑧	C240 的动作状态	—
[M]8386⑧	C244(OP)的动作状态	—
[M]8387⑧	C245(OP)的动作状态	—
[M]8388	高速计数器的功能变更用触点	—
M8389	外部复位输入的逻辑切换	—
M8390	C244 用功能切换软元件	—
M8391	C245 用功能切换软元件	—
M8392	C248、C253 用功能切换软元件	—
中断程序		
[M]8393	设定延迟时间用触点	D8393
[M]8394	HCMOV(FNC 189)中断程序用驱动触点	—
[M]8395～[M]8397	不可以使用	—

注：①RUN→STOP 时被清除。

②在执行 END 指令时处理。

③OFF:1 倍；NO:4 倍。

④从基本单元一侧计算连接的 FX$_{3U}$-4AD-ADP、FX$_{3U}$-4DA-ADP、FX$_{3U}$-4AD-TC-ADP、FX$_{3U}$-4AD-PT-ADP 的台数。

⑤Ver. 2.30 以上的产品对应。

⑥在 LD、AND、OUT 指令等的软元件编号中进行直接指定或者通过变址间接指定时，在输入/输出的软元件编号未安装的情况下为 ON。

⑦仅当连接了 2 台 FX$_{3U}$-2HSY-ADP 时可以使用。

⑧STOP→RUN 时被清除。

PLC 综合应用技术

编号/名称	动作/功能	对应特殊软元件
PC 状态		
D8000 看门狗定时器	初始值为 200（1 ms 单位）（电源 ON 时从系统 ROM 传送过来）通过程序改写的值，在执行 END、WDT 指令后生效	—
[D]8001PLC 类型以及系统版本	$\boxed{2}\boxed{4}\boxed{2}\boxed{2}\boxed{0}$ BCD转换值 版本Ver2.20 FX$_{3U}$，FX$_{3UC}$，FX$_{2N}$、FX$_{2NC}$系列	D8101
[D]8002 内存容量	2～2 KB 步 4～4 KB 步 8～8 KB 步 16 KB 步以上时 D8002"8"，在 D8012 中输入"16""64"	M8002 D8102
[D]8003 内存种类	保存内置 RAM、存储器盒的种类以及存储器盒写保护开关的 ON/OFF 状态	—
[D]8004 出错 M 编号	$\boxed{8}\boxed{0}\boxed{6}\boxed{0}$ BCD转换值 8060~8068(M8004 ON时)	M8004
[D]8005 电池电压	$\boxed{\ }\boxed{\ }\boxed{3}\boxed{0}$ BCD转换值（0.1 V 单位） 电池电压的当前值（如3.0 V）	M8005
[D]8006 电池电压小的检出电平值	初始值:2.7V（0.1 V 单位）（电源 ON 时从系统 ROM 传输过来）	M8006
[D]8007 检测出瞬时停止	保存 M8007 的动作次数,电源断开时清除	M8007
[D]8008 检测为停电的时间	初始值:10 ms（AC 电源型）	M8008
[D]8009 DC 24 V 掉电单元号	DC 24 V 掉电的扩展单元、扩展电源单元、特殊功能单元中最小输入软元件编号	M8009
时钟		
[D]8010 扫描当前值[①]	0 步开始的指令累计执行时间（0.1 ms 单位）	—
[D]8011 MIN 扫描时间[①]	扫描时间最小值（0.1 ms 单位）	—
[D]8012 MAX 扫描时间[①]	扫描时间最大值（0.1 ms 单位）	—
D8013 秒	0～59 秒（实时时钟用）	—
D8014 分	0～59 分（实时时钟用）	—
D8015 时	0～23 时（实时时钟用）	—
D8016 日	0～31 日（实时时钟用）	—
D8017 月	0～12 月（实时时钟用）	—
D8018 年	公历 2 位数（99）（实时时钟用）	—
D8019 星期	0（日）—6（六）（实时时钟用）	—

编号/名称	动作/功能		对应特殊软元件
高速计数器比较·高速表格·定位			
[D]8130	HSZ(FNC55)指令,高速比较表格计数器		M8130
[D]8131	HSZ(FNC55)、PLSY(FNC57)指令,速度型式表格计数器		M8132
[D]8132	低位	HSZ(FNC55)、PLSY(FNC57)指令,速度型式频率	M8132
[D]8133	高位		M8132
[D]8134	低位	HSZ(FNC55)、PLSY(FNC57)指令,速度型式目标脉冲数	—
[D]8135	高位		D8138
D8136	低位	PLSY(FNC57)、PLSR(FNC59)指令,输出到 Y000 和 Y001 的脉冲计数的累计	D8139
D8137	高位		—
[D]8138	HSCT(FNC 280)指令,表格计数器		—
[D]8139	HSCS(FNC 53)、HSCR(FNC 54)、HSZ(FNC55)、HSCT(FNC 280)指令,执行中的指令数		—
D8140	低位	PLSY(FNC57)、PLSR(FNC59)指令,输出到 Y000 的脉冲数的累计或是使用定位指令时的当前值地址	—
D8141	高位		—
D8142	低位	PLSY(FNC57)、PLSR(FNC59)指令,输出到 Y001 的脉冲数的累计或是使用定位指令时的当前值地址	—
D8143	高位		—
变频器通信功能			
[D]8150	变频器通信的响应等待时间[通道1]		—
[D]8151	变频器通信的通信中的步编号[通道1]初始值:−1		M8151
[D]8152②	变频器通信的出错代码[通道1]		M8152
[D]8153	变频器通信的出错发生步的锁存[通道1]初始值:−1		M8153
[D]8154	指令中发生出错的参数编号[通道1]初始值:−1		M8154
D8155	变频器通信的响应等待时间[通道2]		—
[D]8156	变频器通信的通信中的步编号[通道2]初始值:−1		M8156
[D]8157②	变频器通信的出错代码[通道2]		M8157
[D]8158	变频器通信的出错发生步的锁存[通道2]初始值:−1		M8158
[D]8159	指令中发生出错的参数编号[通道2]初始值:−1		M8159

注:①显示值中包括了驱动 M8039 时的恒定扫描运行的等待时间。
　　②STOP→RUN 时清除。

附录2 FX₃ᵤ指令一览

逻辑指令

记　号	功　能
触点指令	
LD	a 触点的逻辑运算开始
LDI	b 触点的逻辑运算开始
LDP	检测上升沿的运算开始
LDF	检测下降沿的运算开始
AND	串联 a 触点
ANI	串联 b 触点
ANDP	检测上升沿的串联连接
ANDF	检测下降沿的串联连接
OR	并联 a 触点
ORI	并联 b 触点
ORP	检测上升沿的并联连接
ORF	检测下降沿的并联连接
结合指令	
ANB	回路块的串联连接
ORB	回路块的并联连接
MPS	入栈
MRD	读栈
MPP	出栈
INV	运算结果的反转
MEP	运算结果上升沿脉冲化（Ver.2.30 以上的产品对应）
MEF	运算结果下降沿脉冲化（Ver.2.30 以上的产品对应）
输出指令	
OUT	线圈驱动指令
SET	动作保持
RST	解除保持的动作，当前值及寄存器的清除
PLS	上升沿脉冲输出
PLF	下降沿脉冲输出
主控指令	
MC	连接到公共触点
MCR	解除连接到公共触点
其他指令	
NOP	无操作
结束指令	
END	程序结束及输入/输出处理，并返回 0 步

附表 2-2　　　　　　　　　　　　　　　步进梯形图指令

记　号	功　能
STL	步进梯形图的开始
RET	步进梯形图的结束

附表 2-3　　　　　　　　　　　　　应用指令——FNC NO. 顺序

FNC NO.	指令记号	功　能
		程序流程
00	CJ	条件跳转
01	CALL	子程序调用
02	SRET	子程序返回
03	IRET	中断返回
04	EI	允许中断
05	DI	禁止中断
06	FEND	主程序结束
07	WDT	看门狗定时器
08	FOR	循环范围的开始
09	NEXT	循环范围的结束
		传送·比较
10	CMP	比较
11	ZCP	区间比较
12	MOV	传送
13	SMOV	移位
14	CML	反转传送
15	BMOV	成批传送
16	FMOV	多点传送
17	XCH	交换
18	BCD	BCD 转换
19	BIM	BIN 转换
		四则·逻辑运算
20	ADD	BIN 加法
21	SUB	BIN 减法
22	MUL	BIN 乘法
23	DIV	BIN 除法
24	INC	BIN 加
125	DEC	BIN 减

PLC 综合应用技术

FNC NO.	指令 记号	功　能
126	WAND	逻辑与
27	WOR	逻辑或
28	WXOR	逻辑异或
29	NEG	求补码
循环·移位		
30	ROR	循环右移
31	ROL	循环左移
32	RCR	带进位循环右移
33	RCL	带进位循环左移
34	SFTR	位右移
35	SFTL	位左移
36	WSFR	字右移
37	WSFL	字左移
38	SFWR	位移写入（先入先写/先入后出的控制用）
39	SFRD	位移读出（先入先出的控制用）
数据处理		
40	ZRST	成批复位
41	DECO	译码
42	ENCO	编码
43	SUM	ON 位数
44	BON	ON 位的判定
45	MEAN	平均值
46	ANS	信号报警器置位
47	ANR	信号报警器复位
48	SQR	BIN 开平方
49	FLT	BIN 整数→二进制浮点数转换
高速处理		
50	REF	输入/输出刷新
51	REFF	输入刷新（带滤波器设定）
52	MTR	矩阵输入
53	HSCS	比较置位（高速计数器用）
54	HSCR	比较复位（高速计数器用）
55	HSZ	区间比较（高速计数器用）

FNC NO.	指令 记号	功　能
56	SPD	脉冲密度
57	PLSY	脉冲输出
58	PWM	脉冲调制
59	PLSR	带加、减速的脉冲输出
便捷指令		
60	IST	初始化状态
61	SER	数据检索
62	ABSD	凸轮控制绝对方式
63	INCD	凸轮控制相对方式
64	TTMR	示教定时器
65	STMR	特殊定时器
66	ALT	交替输出
67	RAMP	斜坡信号
68	ROTC	旋转工作台控制
69	SORT	数据排列
外部设备 I/O		
70	TKY	数字键输入
71	HKY	16 键输入
72	DSW	数字式开关
73	SEGD	7 段译码
74	SEGL	7 段码分时显示
75	ARWS	箭头开关
76	ASC	ASCII 数据输入
77	PR	ASCII 码打印
78	FROM	BFM 的读出
79	TO	BFM 的写入
外部设备(选件)		
80	RS	串行数据的传送
81	PRUN	8 进制位传送
82	ASCI	HEX→ASCII 转换
83	HEX	ASCII→HEX 转换
84	CCD	校检码
87	RS2	串行数据的传送 2
88	PTD	PID 运算

附

录

FNC NO.	指令 记号	功 能
		数据传送 1
102	ZPUSH	变址寄存器的成批避让保存
103	ZPOP	变址寄存器的恢复
		浮点数
110	ECMP	二进制浮点数比较
111	EZCP	二进制浮点数区间比较
112	EMOV	二进制浮点数数据传送
116	ESTR	二进制浮点数比较→字符串的转换
117	EVAL	字符串→二进制浮点数的转换
118	EBCD	二进制浮点数→十进制浮点数的转换
119	EBIN	十进制浮点数→二进制浮点数的转换
120	EADD	二进制浮点数加法运算
121	ESUB	二进制浮点数减法运算
122	EMUL	二进制浮点数乘法运算
123	EDIV	二进制浮点数除法运算
124	EXP	二进制浮点数指数运算
125	LOGE	二进制浮点数自然对数运算
126	LOG10	二进制浮点数常用对数运算
127	ESQR	二进制浮点数开平方运算
128	ENEG	二进制浮点数符号翻转
129	INT	二进制浮点数→BIN 整数的转换
130	SIN	二进制浮点数 SIN 运算
131	COS	二进制浮点数 COS 运算
132	TAN	二进制浮点数 TAN 运算
133	ASIN	二进制浮点数 SIN^{-1} 运算
134	ACOS	二进制浮点数 COS^{-1} 运算
135	ATAN	二进制浮点数 TAN^{-1} 运算
136	RAD	二进制浮点数角度→弧度的转换
137	DEG	二进制浮点数弧度→角度的转换
		数据处理 1
140	WSUM	算出数据计值
141	WTOB	字节单位的数据分离
142	BTOM	字节单位的数据结合
143	UNI	16 位数据的 4 位结合
144	DIS	16 位数据的 4 位分离
147	SWAP	上、下字节转换
149	SORT2	数据排列 2

FNC NO.	指令记号	功能
定位		
150	DSZR	带 DOG 搜索的原点回归
151	DVIT	中断定位
152	TBL	使用成批设定方式的定位
155	ABS	读出 ABS 当前值
156	ZRN	原点回归
157	PLSV	可变速脉冲输出
158	DRVI	相对定位
159	DRVA	绝对定位
时钟运算		
160	TCMP	时钟数据比较
161	TZCP	时钟数据区间比较
162	TADD	时钟数据加法运算
163	TSUB	时钟数据减法运算
164	HTOS	时、分、秒数据的秒转换
165	STOH	秒数据的[小时,分,秒]转换
166	TRD	时钟数据的读出
167	TWR	时钟数据的写入
169	HOUR	计时
外部设备		
170	GRY	格雷码的转换
171	GBIN	格雷码的逆转换
176	RD3A	模拟量块的读出
177	WR3A	模拟量块的写入
其他指令		
182	COMRD	读出软元件的注释数据
184	RND	产生随机数
186	DUTY	发出定时器
188	CRC	CRC 运算
189	HCMOV	高速计数器传送
数据块的处理		
192	BK＋	数据块加法运算
193	BK－	数据块减法运算
194	BKCMP＝	数据块的比较 [S1]=[S2]

FNC NO.	指令记号	功能
195	BKCMP>	数据块的比较 [S1]>[S2]
196	BKCMP<	数据块的比较 [S1]>[S2]
197	BKCMP<>	数据块的比较 [S1]≠[S2]
198	BKCMP<=	数据块的比较 [S1]≦[S2]
199	BKCMP>=	数据块的比较 [S1]≧[S2]
字符串控制		
200	STR	BIN→字符串转换
201	VAL	字符串→BIN 转换
202	$+	字符串的合并
203	LEN	检测出字符串的长度
204	RIGHT	从字符串的右侧开始取出
205	LEFT	从字符串的左侧开始取出
206	MIDR	从字符串中任意取出
207	MIDW	字符串中的任意替换
208	INSTR	字符串的检索
209	$ MOV	字符串的传送
数据处理 2		
210	FDEL	数据表的数据删除
211	FINS	数据表的数据插入
212	POP	读取后入的数据(先入后出控制用)
213	SFR	16 位数据 n 位右移(带进位)
214	SFL	16 位数据 n 位左移(带进位)
触点比较		
224	LD=	触点比较 LD [S1]=[S2]
225	LD>	触点比较 LD [S1]>[S2]
226	LD<	触点比较 LD [S1]<[S2]
228	LD<>	触点比较 LD [S1]≠[S2]
229	LD<=	触点比较 LD [S1]≦[S2]
230	LD>=	触点比较 LD [S1]≧[S2]
232	AND=	触点比较 AND [S1]=[S2]
233	AND>	触点比较 AND [S1]>[S2]
234	AND<	触点比较 AND [S1]<[S2]
236	AND<>	触点比较 AND [S1]≠[S2]
237	AND<=	触点比较 AND [S1]≦[S2]
238	AND>=	触点比较 AND [S1]≧[S2]

FNC NO.	指令 记号	功　能
240	OR=	触点比较 OR [S1]=[S2]
241	OR>	触点比较 OR [S1]>[S2]
242	OR<	触点比较 OR [S1]<[S2]
244	OR<>	触点比较 OR [S1]≠[S2]
245	OR<=	触点比较 OR [S1]≦[S2]
246	OR>=	触点比较 OR [S1]≧[S2]
数据表的处理		
256	LIMIT	上、下限限位控制
257	BAND	死区控制
258	ZONE	区域控制
259	SCL	量程（不同点坐标数据）
260	DABIN	十进制 ASCII→BIN 转换
261	BINOA	BIN→10 进制 ASCII 转换
269	SCL2	量程 2（X/Y 坐标数据）
外部设备通信（变频器通信）		
270	IVCK	变频器的运行监控
271	IVDR	变频器的运行控制
272	IVRD	变频器的参数读出
273	IVWR	变频器的参数写入
274	IVBWR	变频器的参数成批写入
数据传送 2		
278	RBFM	BFM 分割读出
279	WBFM	BFM 分割写入
高速处理		
280	HSCT	高速计数器表比较
扩展文件寄存器的控制		
290	LOADR	读出扩展文件寄存器
291	SAVER	扩展文件寄存器的成批写入
292	INITR	扩展寄存器的初始化
293	LOGR	写入扩展寄存器
294	RWER	扩展文件寄存器的删除、写入
295	INITER	扩展文件寄存器的初始化